中村雅雄

スズメバチの真実

最強のハチとの共生をめざして

八坂書房

★スズメバチの真実

目　次

[3] スズメバチの問題は解決するか？……53

[4] 世界のスズメバチに会いに行く……88

【5】特定外来種ツマアカスズメバチの侵入

〔6〕スズメバチとの共生〔匂いをもって匂いを制する〕…………127

広島県の小学校に建てられた生命尊重の石碑（当時は豊田郡安浦町野路中切小学校でしたが、その後、呉市立野路中切小学校になりました。撮影：中村喜樂）

プロローグ

みなさんはスズメバチにまつわる「生命尊重の石碑」があることをご存じでしょうか。

広島県のある小学校に建つこの石碑には、スズメバチをめぐる悲しい出来事が刻まれています。

一九七四年のことでした。休日にニワトリの世話をしに登校していた六年生の女の子が、スズメバチに刺されて亡くなる事故が起こったのです。当時教師としてこの地に赴任していた中村喜樂さんは、これに衝撃を受け、「ハチ一匹の姿を目にしただけで授業ができなくなった」と語っています。

この小学校に建てられた「生命尊重の石碑」は、どんな意味を持っているのでしょうか。スズメバチがただ怖いもので人間の敵だといっているのではないでしょう。亡くなられた女の子への追悼とご家族の深い悲しみ、そして、こうした事故が二度とあってはならないという思いが込められたものだと思います。

一九八〇年代になると各地の都市でスズメバチをよく見かけるようになりました。そして、大きな都市ではスズメバチと人とのトラブルが増えていきました。一九九四年には全国的にスズメバチの大発生が起こり、これをきっかけに、各地の役所で駆除する体制が強まりました。住民がスズメバチに刺される事故が相次ぐ中、この問題を広くのちのちまで知らせることが必要となりました。スズメバチの事故はどこでも起きる可能性があるのです。石碑は、スズメバチが人間の命を奪ってしまうほどの力をもっていることを伝承する役割をも担ったにちがいありません。

【繰り返されるスズメバチをめぐる事故】

ケース❶ 心が痛むニュース

二〇一七年九月十一日、スズメバチをめぐって悲惨な事故が起こってしまいました。

愛媛県大洲市で電動車いすに乗っていた八十七歳の女性がスズメバチに長時間にわたり約一五〇カ所を刺され続け、翌日に死亡していたことがわかりした。

女性は同日午後四時ごろ、市内の福祉施設から帰宅する途中、同行した施設の男性職員とともに自宅近くの空き家付近でハチに襲われました。まず同行職員が刺され、女性の車いすを約一m動かしたが、周囲に多数のハチが現れ、「一人では助けられない」と判断して施設に連絡。その間に多数のハチが女性に群がる状態になった。施設関係者数人が駆けつけて女性に雨具をかぶせようと試みたが、救助は難航したといいます。

午後四時十五分ごろに救急隊員三人が駆けつけたが、救急隊員は防護服などがなかったため、レスキュー隊員の出動を要請。同四十五分ごろにはハチが少なくなり、救急隊員が女性を救助して病院に運んだ。現場は山間部。空き家の軒下にスズメバチの巣がありました。

同消防本部は「通報内容からハチに刺された状態が続いているとは思わなかった。正確な情報収集を再度徹底したい」としています。（「朝日新聞デジタル」による）

この悲惨な事故については、各メディアが大きく取り上げ、私もワイドショーのスタジオに呼ばれてコメントしました。とても「心が痛むニュース」であり、刺された時、車いすと一緒に二〇m逃げていたら攻撃は軽減されていたはずでした。巣が近くにあったと思われる場所から一〇m、二〇mと遠ざかれば遠ざかるほどハチの攻撃は弱まっていくからです。また、駆けつけた消防隊員が消防服や雨具や顔面を覆えるような簡易なものを着用するとか、一般的な殺虫剤を噴霧することで助け出すことは十分可能だったのではないかと思いました。

ケース❷　問題のある駆除が引き起こす事故

二〇一四年九月、姫路市の六十代の女性Aさんから、公園を散歩中にスズメバチに不意を突かれて腕を刺された経緯の手紙をいただきました。
「九月一日午前十時ごろ、公園内の舗装された道を歩いていました。実は、朝九時にスズメバチの巣に殺虫剤を散布したとのことでした。一時間後、殺虫剤散布後放置されていた巣から一〇mほど離れた道で左腕を刺されました、特に巣のあった繁みに近づいたわけでもなく、周囲は静かで誰にも会わず散歩していました。化粧せず、白っぽい帽子と衣服を着用していました。

事故後すぐ受診し点滴も受けました。しかし、左腕数カ所に一〇㎝ほどのあざ状の赤い発疹が出現しました。その後、腫れ、熱と痛みが強くなりました。さらに、左肩から指先まで腕全体がパンパンに腫れてきました。二週間ほどの間、腫れ、熱感、刺された部位が化膿しました。さらに、ひと月後、赤黒い隆起が一〇㎝になりました。さらに、二カ月たって、部位を中心に湿疹ができやっと治まってきました。」

巣は、刺された場所から一〇mほどの公園内の植え込み脇の地中にあり、種類はオオスズメバチだと分かりました。

公園を管理していたのは、市の委託を受けた公益社団法人 シルバー人材センターで、そこの業者が駆除を行ったとのことですが、スズメバチの駆除において、巣の本体を処置していなかったのは大きな落度です。特に、オオスズメバチは巣が地中にあって、殺虫剤を噴霧しても直接かぶらない個体や、羽化したてで巣内にとどまっている個体、さらに、外泊する個体も少なくないのです。その結果、三〇〇匹ほどの勢力が残っていました。殺虫剤を噴霧され、スズメバチは臨戦態勢にあったのだろうと考えられます。スズメバチの習性を熟知していない不完全な駆除が、極めて危険であることを如実に示した例といえます。

以前、横浜の動物園ズーラシア建設予定地だった山林の樹洞に作られたオオスズメバチの巣を何者かが取ろうとして、中途半端に巣の半分を残したまま放置したことがありました。翌日、担当者が車で敷地内をパトロールしたところ、いきなり数匹のスズメバチが車に体当たりしてきたといいます。連絡を受けて現地に着くと興奮状態の数十匹のハチが根元付近に出ていました。樹洞は大きく開けられていて、その中に巣盤三段、働きバチおよそ四〇匹が残されたままになっていたのです。勢力が半減しても巣が露出した状態なので小さな刺激でも反応を示します。この時は、人的被害がなかったことが幸いでした。

ケース❸　スズメバチの巣駆除で火災発生

駆除の副産物として火災を引き起こすことがあります。

二〇一七年に巣を駆除しようとして、長野、新潟で立て続けに火災がありました。数年前には京都でも駆除業者が駆除の仕方を誤った結果、爆発火災事故が起きてしまいました。

スズメバチの巣の駆除は、大きな巣でしかも足場が悪い場合や高所の駆除をする際には覚悟が必要です。ことに高所作業は、スズメバチに攻撃されると思いのほか恐怖心に襲われます。そこで、駆除に時間をかけず安易に行おうとしてしまいます。大量に強力な殺虫剤を噴霧するとか、たいまつで巣ごと焼き払おうとする、スプレーと燻煙殺虫材の併用をしてしまうなどがそれですが、ひとつ間違えば火災の原因になりかねない大変危険な行為です。

このような駆除方法は、スズメバチの恐ろしい攻撃力だけに目がいってしまい、早く何とかしたいと焦ることに起因するものでしょう。

また以前、鹿児島県で通学途中の道にオオスズメバチの巣があったため、管理職の先生が。夜たいまつで巣を焼き払おうとしました。ところが、ハチは翅が焼けても頑丈な脚で棒伝いに襲いかかり刺されてしまいました。翌日になって別の先生がこの巣を駆除しようとしたところ、さらに刺されてしまったとのことです。オオスズメバチの生命力の強さに驚くばかりです。

ケース❹　恐怖心が事故につながる

スズメバチが車や教室に入ってきたらどうでしょう。

一九九五年ごろのことです。高速道路を運転中の男性が、スズメバチが車内に侵入したことでパニックになり交通事故を起こしてしまいました。また、二〇一三年岐阜県の小学校の教室にスズメバチが入ってきたので、何とかしようとして、殺虫スプレーを噴射しましたが追い出せず、クマの撃退スプレーを噴射しました。その結果、スプレーの影響で三六名が病院に搬送されるという事件が起きたこともありました。

これらの場合、スズメバチは巣や餌場を守るために飛来したのではなく、狩りの途中で、たまたま人間が生活している場所に迷い込んだものです。むしろ、「困ったなあ。出られない」とガラス窓の障害物にとまどっています。静かに窓を開けてやると、ここぞとばかりに逃げ去っていくはずです。

＊＊＊

このように、スズメバチをめぐる事故はいずれも、その生態や習性に対する基本的な知識の無さから引き起こされたもののように思えます。

悲しい事故を繰り返さないためにも、ひとりでも多くの人にスズメバチの本当の姿を知って欲しい。そんな願いを込めて、本書を執筆しました。

【1】都会のスズメバチ研究【採集・飼育・観察の日々】

◎スズメバチとの出会い

私が好奇心に駆られて巣をのぞき、初めてスズメバチに刺されたのは中学二年の夏休みのことです。それから八年ほど経った二十二歳の時、私はスズメバチの「研究」に本格的に出会ったのでした。教員になりたてで、東京暮らしから横浜市の瀬谷《せや》区に移り住んだ頃のことです。当時はまだ、雑木林が残っていたので、休日にはよく五〇ccバイクにまたがって現地に行っては散策するのが楽しみでした。

東京の下町では出会うことのない緑と命が息づく自然の雄大さを感じていました。ちょうどオオスズメバチがクヌギの樹液に来ていて、その姿に圧倒されじっと観察しました。

あるとき、倒れている朽木の下からスズメバチが飛び出てきました。しばらく見ていると今度は、朽木の下へスズメバチが吸い込まれて行くのが見えました。

「ここに巣がある！」と直感しました。ゆっくり近寄って身をかがめて覗き込むと、思った通り朽木の下に巣らしきものが見えました。すぐに引き返して虫網と虫かごを携え、見つけた巣のある朽木の所まで戻りました。一度刺されて懲りたはずなのに、スズメバチの生け捕りを思い立ったのです。安易ではありますがハチの数はそれほど多くないようなので、一匹ずつ時間をかければ必ず採れると考えました。恐怖心より好奇心が勝りました。実際に、飛び出してきたハチを網に入れては、刺されないように慎重に虫かごに移していきました。最後に巣を朽木からはがして別の袋に詰め込みました。巣の釣鐘状の覆いには、きれいな波模様がありました。初めて手にした三段の巣は思ったより重く、巣内には大きな幼虫がひしめいていました。

さて、家に戻って少し頑丈な段ボール箱を見つけ前面にガラスを張って、観察しやすいように加工しました。まず、巣を取り付けてから、小さな穴をあけ、そこにかごからハチを追い込んで少しずつ箱に入れました。しばらく暗くして落ち着かせると多くのハチが巣にとまって幼虫たちの世話をしはじめました。巣を採集して巣箱に移すためには、巣と個体を別々に生け捕りしなければなりません。作業は危険を伴います。

このスズメバチは、ヒメスズメバチでした。アシナガバチの巣を襲って、蛹や大きな幼虫を丸呑みにしますが、スズメバチの中ではおとなしい種類で、三〇匹ほどの小さな集団《コロニー》を構成します。カチカチと威嚇するものの刺すことはほとんどないのが幸いしました。

ところが、やっと巣ごと採集しても、女王バチや働きバチの多くが、育て上げてきた自分たちの巣につかないことがあります。当時は、なぜだろうと不思議でなりませんでした。巣につかなかった個体は、扉を開放すると、二度と巣に戻ることはありませんでした。狩りをして幼虫の餌を持ち帰ることも、育児もしません。大切なのは女王バチを必ず巣につけることで、これが営巣のポイントになることが後になって分かりました。

私は採集したコロニーを目の前において観察することが研究の基本であると、今も強く感じています。一見、アナログ的に思えても、こうした観察の積み重ねを抜きに研究は成り立ちません。いくつかの失敗を乗り越えてこそ、求めるものにたどりつけるのだと思っています。

スズメバチとの出会いは、こうした経験を重ねて、趣味と研究ともつかない状態から研究らしいものへと変わっていきました。

◎「趣味」から「研究」へ

一九七二年ごろ、スズメバチを扱ったNHK教育テレビ（現Eテレ）のスポット番組を偶然目にしました。

そこには、ひと抱えもある大きなキイロスズメバチの巣を携えて語る人の姿がありました。私はすぐにテレビ局に電話して、その方について問い合わせました。現在のようにいろいろと制約がありませんでしたから、よく理由を話すと連絡先を教えてくれました。その方こそ、当時和歌山県の農業試験所に勤めていて、のちに三重大学で教鞭をとられた故・松浦誠先生でした。

後日、和歌山県のご自宅を訪ね、実際にミカン畑に行って一緒にキイロスズメバチの巣を観察しました。そして、冷蔵庫に入れて保管していた生きた幼虫がそのまま入った直径二五㎝のキイロスズメバチの巣盤を三段いただき、色々と話を伺うことができました。巣は、「途中、車中で働きバチが羽化するので十分注意するように」と言われ、いざという時のために麻酔作用のあるエーテルの小瓶も持たせてくれました。

このことがきっかけで、私は、それまで趣味の域を出なかったスズメバチに対して「研究」へと傾倒していきました。情報の交換も幾度となく行いました。また、スズメバチに関する文献も送っていただきました。この時期に松浦先生と共にスズメバチの研究に携わっておられた茨城大学の山根爽一先生、鹿児島大学の山根正気先生ともご縁ができ、今も研究を応援していただいています。また、当時、防護服の開発に取り組んでいた小樽保健所の故・坂輝彦氏とも知り合うことができました。

当時の私の様子が、松浦先生の著書『スズメバチはなぜ刺すか』のなかで、「スズメバチにかけた執念の男たち」として紹介されています。少し長くなりますが転載させていただきましょう。

＊＊＊

★中村雅雄さん─都市のスズメバチの生態を追う

中村雅雄さんは横浜市に住み、隣の川崎市で小学校の先生をしている。中村さんは夏から秋にかけては睡眠も十分にとれないほどにスズメバチの巣取りに追われる。それは横浜市の依頼を受けて、スズメバチの駆除相談にあたるかたわら、巣の採取作業を一部ひきうけているからである。

横浜といえばハチなどとは縁のない大都会を想いうかべる人が多いだろう。ところがこの横浜ではここ数年来、キイロスズメバチを中心とした大型のスズメバチ類が多発して市民からの苦情が増え、市は対策に頭を痛めている。全国的にスズメバチの多かった一九八四年に横浜市公衆衛生課に寄せられた市民からの駆除依頼はスズメバチだけでも六八四件に達している。それも巣が大きくなって人目につきやすくなる八〜十月の四カ月間に集中しているので、日によっては一日で数十件となることもある。

なぜ中村さんはスズメバチの巣の駆除をひきうけているのだろうか。それは中村さんがスズメバチに魅せられて、その生態に関心をもち、独力で研究をつづけているからである。巣の除去作業を手伝っているのは、研究材料集めというわけなのだ。

中村さんは十数年前に私のところへたずねてきて、研究方法などについて話し合ったことがある。その頃は横浜市にはキイロスズメバチの数は少なくて、研究材料もなかなか得がたかったという。それでも、自宅ではコガタスズメバチなどを飼育して、女王がいなくなった巣でも代位の女王として複数の働きバチが産卵をおこない、コロニーの活動がつづくことなど興味ある生態を観察していた。

ところが一九八三年を境にして横浜市ではハチ異変がおこった。市へのハチ駆除の依頼件数が急増するとともに、それまでは奥多摩などの山地でしか姿を見かけなかったキイロスズメバチが都市部へ進出するようになった。中村さんにとって研究材料には事欠かなくなったのだが、学校の授業を終えてから巣を取ってまわるのには大変な労力がいる。

スズメバチの最盛期である八～九月のあいだは、情報のあった巣をほぼ連日連夜にわたって取ってまわる。都市部のスズメバチの巣は天井裏にあることが多い。巣を取るにはそうした狭い空間をはい進む。まるで忍者のような暗闇のなかでの孤独な戦いである。それも研究材料とするからには、駆除業者のようにただ殺してしまうというわけにはいかない。巣の内外の働きバチを一網打尽にしたうえで、巣を切り取ってビニール袋に納める。それからもまだ仕事はつづく。まず、巣の下に一面に散らばったハチを一匹残らず拾い集める。日中に巣を取った場合、そこで一時間ほど待って、つぎつぎと戻ってくるハチを採集する。それらのハチは巣とともにすべて家にもち帰る。こんな作業を多いときは一日に三、四回もおこなうことが少なくない。

取材を受ける著者（1986 年 5 月 27 日付 読売新聞夕刊）

それからがまた大変である。疲れた体に鞭打って今日採集した巣を分解し、卵、幼虫、繭に区別しながら巣の中味を調べあげるという夜なべ作業が待ちうけている。成虫も女王、働きバチ、オスなどにわけて数えあげる。こうして、八～十月のあいだはほとんど連日連夜にわたって横浜市内をかけめぐり、一九八六年のように発生の多かった年には八〇個もの巣を採取した。スズメバチに魅せられた人だからこそできるのである。

こうして苦心して集めたひとつひとつの巣の記録は五年分をこえる。都市のスズメバチについて、これだけくわしい記録をとってきた人はほかにいない。それらはスズメバチが近年になってなぜ都会へ進出してきたか、また都市環境のなかでどのような生活を送っているのかを知るうえで貴重な資料となるだろう。その一部は一九七八年に『スズメバチのしゅうげき』として大日本図書から子供科学図書シリーズとして出版されている。中村さんはさらに学術的なデータとして整理し、スズメバチの本来の生息地である山村の巣とくらべながら論文にしあげ、学会に発表する準備をしている。趣味としての研究ではあったが、とりくみ方しだいでは立派に学会にも役立つことができるという良い手本となるだろう。

◎都市部のスズメバチの生態

スズメバチは、激しい攻撃力のため研究者を寄せつけません。しかし、人を寄せつけないベールに包まれた生態とスズメバチの強さにこそ魅力を感じました。

これまでに採集したスズメバチの巣は、およそ一五〇〇個になりました。殺虫剤は飛び回るハチにはかけることもありますが、巣内には及ばないように気をつけています。できるだけ生きた状態でスズメバチの暮らしを見たいからです。

しかし必ずしもスズメバチが多いとは言えない、横浜市と川崎市などが私の研究のエリアです。そして、駆除業者ではないので情報収集が十分なわけではありません。スズメバチが好きな私は、とにかくスズメバチの巣に出会いたいという気持ちでいっぱいでした。

つい最近のことですが、次々に繭を破って羽化するスズメバチを見ていて、ふと考えました。羽化したてのハチは色が淡く、体も固くありません。羽化したばかりのスズメバチは毒針で刺せるのだろうか？結果は予測していましたが、左手に載せると、ものの見事に毒針を突き刺しました。もちろん痛みはありました。いつもと同様に六時間ほど痛みました。ただ、その痛みや腫れは数ランク低いものでした。スズメバチをまるごと観察するのが研究の原点だという思いからの実験でしたが、これは本当に試してみないと分からないことでした。

研究を始めて何年かは、スズメバチの巣を採っては、営巣場所やコロニーの働きバチ、蛹、幼虫、卵、巣の大きさなどを記録していきました。採ってきたハチの巣は、飼育箱に入れて育てることもしました。

私にとって、身近に観察するスズメバチは怖いものではなく、スズメバチの親子の関係が見て取れ、生きものの秘密の奥深さに驚くばかりでした。

幼虫に餌を与える働きバチ、産卵する女王バチ、仲間同士の栄養交換、幼虫すら親に向かって育室の壁をかじって音を立て餌をねだり、のど元を刺激されると栄養豊富な透明の液を吐き出し、親はその液を舐める。丹念に設計されたような巣を巧みに作り、壊れれば修復する。絶えず行われる身づくろい、掃除……。どれをとっても私たちの社会と変わらないような仕組み、しかも誰かが指示するわけでもないスズメバチの実像に触れることができました。

一九七〇年代は、スズメバチの駆除や野外で見て採集する主流はコガタスズメバチでした。駆除依頼の電話を受けると、疑いもなくコガタスズメバチを念頭に準備して駆除に出かけていきました。

ところが一九八三年を境にして、スズメバチの周辺に変化が現れました。横浜市に寄せられる駆除依頼の内訳、スズメバチの種類が大きく変わったのです。

前年の一九八二年は、コガタスズメバチとキイロスズメバチの二種を比較したところ、キイロスズメバチの占める割合は一〇%

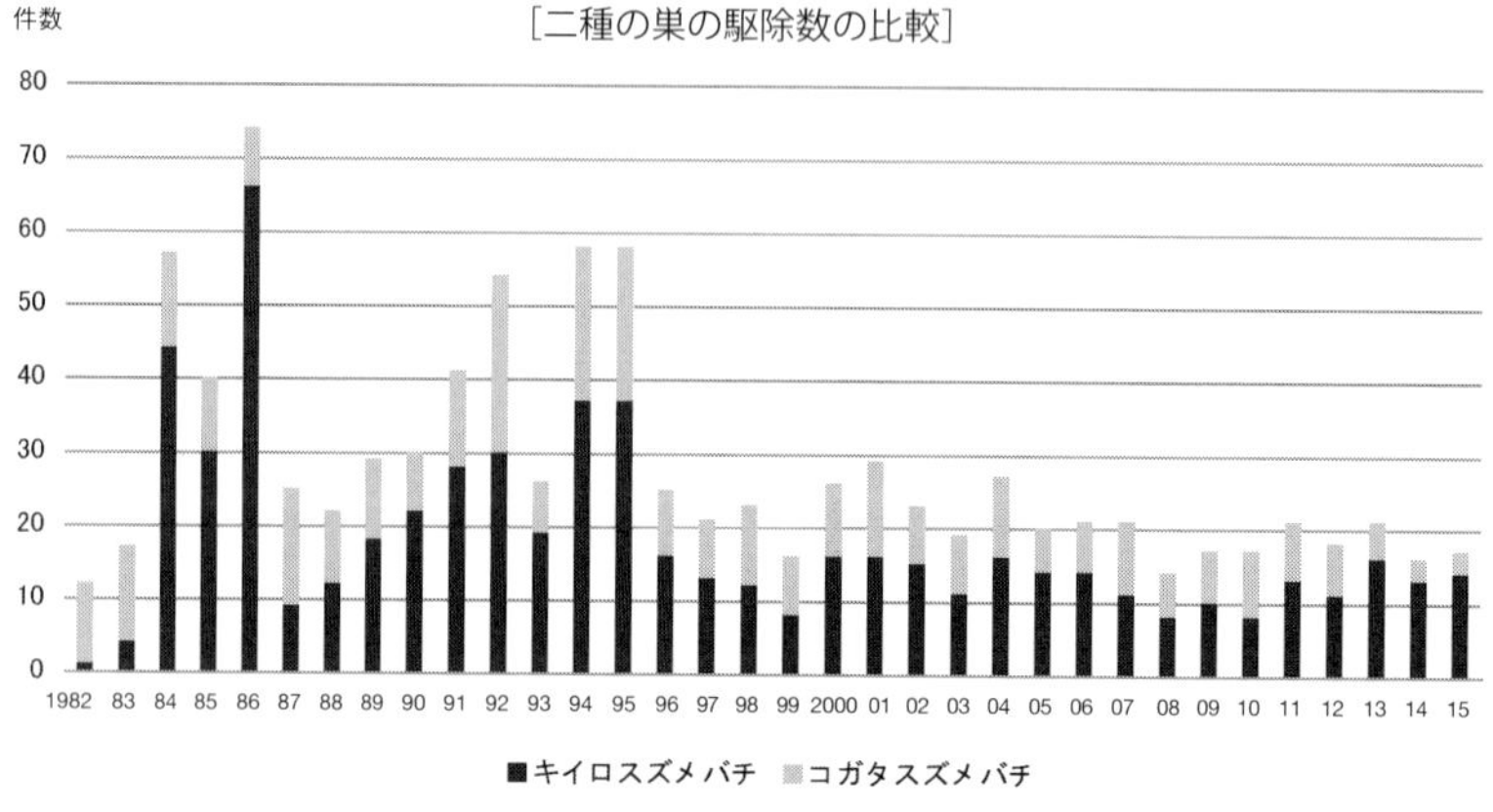

[横浜市に寄せられたスズメバチ類の駆除依頼件数と採集コロニー数]

		採集されたコロニー数				
年	依頼件数	キイロ	コガタ	二種合計	その他の種	年合計
1982	290	1	11	12	2	14
1983	560	4	13	17	0	17
1984	657	44	13	57	1	58
1985	323	30	10	43	2	45
1986	706	66	8	74	2	76
1987	980	9	16	25	3	28
1988	746	12	10	22	3	25
1989	1148	18	11	29	3	32
1990	1388	22	8	30	4	34
1991	2422	28	13	41	2	43
1992	635	30	24	54	3	57
1993	1110	19	7	26	9	35
1994	3445	37	21	58	7	65
1995	1118	37	21	58	7	65
1996	985	16	9	25	1	26
1997	1118	13	8	21	3	24
1998	881	12	11	23	4	27
1999	602	8	8	16	5	21
2000	1688	16	10	26	4	30
2001	1775	16	13	29	3	32
2002	1054	15	8	23	5	28
2003	1943	11	8	19	4	23
2004	1763	16	11	27	5	32
2005	2280	14	6	20	6	26
2006	2015	14	7	21	3	24
2007	2373	11	10	21	4	25
2008	2617	8	6	14	4	18
2009	2731	10	7	17	3	20
2010	1658	8	9	17	4	21
2011	2118	13	8	21	4	25
2012	1658	11	7	21	3	24
2013	2549	16	5	18	4	22
2014	3411	13	3	16	6	22
2015	3297	14	3	17	4	21
合計	54044	612	343	958	127	1085

未満でした。しかし、八三年はキイロスズメバチの占める割合が二一％とほぼ倍増しました。さらに、八四年は七五％になり、コガタスズメバチとの割合が逆転し、優位に立ちました。

それ以降、横浜市では、ほとんどの年、キイロスズメバチが優位となっています。拙書『スズメバチの逆襲』などに詳しく記したように、それまで少数派だったキイロスズメバチは、農山村を中心に生息していました。キイロスズメバチの都会進出ともいえる大きな出来事が起こったのです。

この時からさらに一〇年経って「スズメバチ問題」に再び大きな変化がやってきました。

それは、スズメバチの駆除依頼件数が全国で爆発的に増加したことでした。九四年に横浜市に寄せられた依頼は三四〇〇件を超えました。ある自治体の研究者は、「スズメバチのビックバン」とたとえたほどでした。

スズメバチのコロニーが生きていくには餌資源の絶対量が必要です。

スズメバチは、昆虫などを狩って幼虫にタンパク質を与え、成虫のエネルギー源としては樹液などから炭水化物を摂取します。キイロスズメバチは、多くの昆虫やクモを狩るだけでなく、弱ったセミ、ミミズやカラスやヘビなどの死骸、調理済みの魚、さらには人間の出す残飯や飲み残しの缶ジュースも餌としていることが、フィールドでの観察を続けていてわかりました。

大きなコロニーを賄うのに、できることはすべてやって優位の座を奪ったともいえます。

私はこうした転換期に、大都市横浜で駆除の一端を担っていたわけです。宅地開発の中で都市にスズメバチが適応していく姿を間近で眺めることができたのは、この上なく幸せなことでした。

それにしても、生きものの観察は辛抱強くなければできません。攻撃性が強いスズメバチの観察はさらに難しく、命がけの日々でした。

◎発見！一万室の巨大巣＆二匹の女王がいる巣

横浜市では、スズメバチの駆除依頼件数が九四年以降、増減を繰り返しながら大きく右肩上がりしていきました（54頁のグラフ参照）。

巣の駆除にたずさわる一方で、私は、毎年冬期に越冬女王バチの状況を調査していました。その結果、わかったことがいくつかあります。一つは、越冬女王バチの種類や数は年によって大きな違いがあること。キイロスズメバチの多いときと、コガタスズメバチが多いとき、両種とも多いときや少ないときです。

さらに、越冬女王バチの数とその年の営巣数の関係も明らかにしました。意外にも越冬女王バチが多い年は、駆除件数が少ない傾向にあることが判明したのです。つまり、春先に女王バチの数が多いと、同種間で営巣場所や餌などが重なってしまい、結局、コロニーの成長を阻害することになります。逆に、越冬女王バチが少ないときは、生息密度が低くなる分、コロニーは生き残り成長できるのです。

もう一つのトピックスは、同じ越冬室（越冬の際に作られる）に、キイロスズメバチとコガタスズメバ

複数で越冬するコガタスズメバチの女王バチ
（横浜市で著者が撮影、1991 年 10 月 3 日付毎日新聞に掲載）

ギョッ 日本最大!?

横浜・旭区 キイロスズメバチの巣

直径53セン チ 1万室も

空き家の天井裏で発見

今年は例年になく、全国各地でハチに刺される被害が目立っているが、七日、日本最大級のスズメバチの巣が横浜市旭区の空き家で採取された。スズメバチの研究家で川崎市立西丸子小学校教諭中村雅雄さん（[illegible]）＝横浜市保土ケ谷区峰岡町三〇九ノ一〇〇＝に連絡があり、採取したもので、中村さんは研究のために、実費で市内のハチの巣撤去の依頼を引き受けているが、今夏の"出動件数"は昨年の三倍近い五十四件に上っている。安定した天候で巣作りが活発に行われたせいだが、県下では今夏、三人がスズメバチに刺されて亡くなっており、ハチの活動が止まる十一月までは"要注意"。

川崎市立西丸子小 中村教諭が採取、鑑定

採取されたのはキイロスズメバチの巣で、大きさは、直径五十三センチ、高さ三十三センチ。房が六層になっており、ハチの幼虫を育てる部屋（育房）数で一万個あった。ハチ類中最大のオオスズメバチでは、直径七、八十センチの巣になる）

◇スズメバチ 日本にはオオスズメバチ、キイロスズメバチ、モンスズメバチ、コガタスズメバチなど六種が分布しているが、習性など未知な点が多い。巣は越冬した女王バチによって作られ、ハタラキバチによって朽ち木をかんだ繊維で丸め巣作りしていく。八月ころこぶし大となり、以後、加速度的に大きくなって九月～十一月にかけて"解散"する。互いに襲い合い（最強はオオスズメバチ）幼虫のタンパク源とするなど性質はどう猛で、人命にも致命傷を与えることがある。

幼虫が動いているスズメバチの巣と中村さん。最大級の巣からは女王バチが70匹前後育つという

ともあるが、キイロスズメバチでの報告例は最多育房一万五十八個。今回採取したのはこれを上回る可能性がある、という。

空き家の天井裏から発見されたもので、持ち主が[illegible]りをブンブン飛ぶハチに驚き旭区役所に連絡、中村さんの出番となった。

「約千匹のキイロスズメバチがいた。発煙式の殺[illegible]たいた後に天井裏の出[illegible]をふさぎ、巣の出入り[illegible]綿を詰め、エーテルを[illegible]マヒさせ、ノコギリで[illegible]たんです」。中学時代か[illegible]メバチを追いかけてい[illegible]さんも、こんな大きな[illegible]浜市内で採取できると[illegible]っくり。

今夏は県内のあちこ[illegible]チ騒動が起きているが、[illegible]の巣、特に猛毒を持ち[illegible]攻撃性を持つオオスズ[illegible]チ、キイロスズメバチ[illegible]撤去は消防署などでも[illegible]げ。横浜市内では、財[illegible]県ペストコントロール[illegible]市と提携して扱ってい[illegible]駆除費に一万九千円～[illegible]かかるという。中村さ[illegible]土ケ谷区役所と旭区[illegible]

1 万室の巨大巣を発見！ 写真は幼虫が動いている巣と著者
（1984 年 10 月 8 日付 神奈川新聞）

チの複数の女王バチがいたり、ときに二種が一緒に越冬するまさに呉越同舟のケースを幾度となく見つけたことです。

キイロスズメバチの多女王巣の発見は、温帯域では初めての事例になります。スズメバチは、独立性が強く、同種であっても許容しません。採集して飼育してみたところ、しばらくは何事もなく同居したのち、突然女王バチ同士の争いが始まり、一方の女王バチが、もう一方の女王バチののど元に毒針を打ち込むことで争いが決着しました。アリなどの天敵圧の強い熱帯域では、ツマグロスズメバチなどいくつかの種で多女王のコロニーが見られます。

一般的に越冬は単独で行われますが、都市部では多頭越冬がしばしば観察でき、限られた環境での越冬に適応したものと考えられる特徴でした。

また、決して餌資源が豊かとはいえない横浜市内の家屋の天井裏で、育室数が一万もある巨大なキイロスズメバチの巣を採集したこともありました。直径五三㎝、巣盤数五段、およそ一〇㎏の臼《うす》のような巨大な巣でした。全国でも一万室を超える巣はそう多くはありません。都会に生き残るキイロスズメバチのたくましさを見る思いでした。

◎冷や汗ものの失敗談［数々の経験をかさねて］

スズメバチの研究で最も大切なのは、自分の目で巣内での生活ぶりを観察することです。ただ、もうおわかりだと思いますが、彼らは人間が近くに来ることを決して許容しません。

それでも私は、巣をできるだけ多く見つけ、時には生きたスズメバチごと巣を採集し、管理しやすい場所に移して観察を続けてきました。スズメバチの巣はアシナガバチのように簡単に見つかるものではありません。そこで、役所に願い出て、依頼があったものの一部を代わりに駆除することによって、より多くの巣に接することができました。七〇年代の後半から八〇年代の前半は、駆除の業者もほとんどおらず、防護服もない時代でした。駆除を引き受けて、最も多いときはシーズンで八〇件という年もありました。スズメバチの種類や巣のついている場所によって、取り方や使う道具もさまざまです。天井裏や、家の壁のすき間、高い木の枝、時にはパイプの中など巣はいろいろな場所に作られ、高所の巣など後から考えたら冷や汗が出ることもありました。

★ちょっとした油断からオオスズメバチの襲撃に遭う

スズメバチの毒針は、自分たちの築き上げてきた城ともいえる巣を外敵から守るために向けられていることはお話ししました。特にオオスズメバチの巣は、地中や樹の洞《うろ》など人間から直接見えないところに作られます。

かつてオオスズメバチの巣を採集するときに大失敗をしたことがありました。東京の町田市郊外の雑木林で、散歩中に偶然巣を見つけたと、友人から連絡を受けました。ちょうどテレビ局の取材が入り、捕獲の様子を撮影することになりました。巣のある場所まで林の中を一〇分ほど歩いていきました。あまり近づきすぎれば防護服を着る前に刺されてしまいます。実際に、巣の場所を確認したとき、少し離れた木の陰で様子を見ていた友人は、手の甲を刺されました。オオスズメバチは、巣の近くで動いているわけではないのに刺されることがあるので、注意が必要です。

また別の際、十数ｍとかなり離れているところで写真を撮っていたときに、何の前ぶれもなく、いきなり攻撃され、あわててカメラを置いて逃げ出したことがありました。そのくらい気が荒いのです。

さて、話を戻しましょう。撮影の準備をして、スタッフ全員が刺されないようにいろいろ重ね着したり、頭部を守るように準備を整えました。

この頃はまだ、現在のような防護服はありませんでした。しかし、いざ撮影を始めようとしたとき、オオスズメバチの巣の入口が笹やぶで見えにくいことがわかりました。私が静かに巣のある方に近づいて、じゃまな笹などを慎重に切っていくと、だいぶ見えやすくなってきました。このときはまだスズメバチに気づかれず、問題なくいきそうでした。

しかし、この直後に異変が起こります。少しだけ位置を変えて入口の反対側に立ったときでした。確かに地面がちょっとくぼむのを感じました。巣の真上に立ってしまったために陥没したのです。

そのとたん、いきなり多数のオオスズメバチが飛び出してきました。入口とは反対の場所にいたのですが、オオスズメバチたちは体当たりしてきました。刺されないようにしているとはいっても、専用の防護服を着ているわけではありません。あわてて持っていた虫網をふって何匹ものオオスズメバチを捕えました。しかし、このことがさらにハチたちを興奮させてしまいました。巣からどんどん出てきては体当たりし、攻撃を仕掛けてきます。私の行為は「敵はここにいる」と言っているようなものだったのです。

まるで一身に矢を受けて立つ弁慶のような状態になりました。いえ、足元が悪くて身動きできず、その場を立ち去ることができなかったというのが本当のところです。ものすごい恐怖心にも襲われていました。

そのとき、顔をめがけて飛んできた一匹が、体当たりしてきました。その勢いで顔面をおおう網の面布がたわみ、網と顔が接近した一瞬のすきに刺されてしまったのです。撮影が中断となったのは言うまでもありません。ちょっとした油断から大事になってしまいました。オオスズメバチが最も怒ることをしてしまったのです。

また、こんな恐怖の体験もしました。ある日、樹液にきていたオオスズメバチを見ていたとき、たくさん集まっていたので、巣がすぐに見つかるような気がしました。しかし、そんな甘いものではありませんでした。結局、見つけられないので、網で五匹採集して、虫かごに入れ、持ち帰ってしばらく眺めていました。

そして、家の窓を開けて逃がすことにしました。絆の強いオオスズメバチたちは、少しの間、窓のあたりで円を描くように飛んでいました。そのあと突然、一匹が私の腕時計の金属のベルトにしがみついて、大あごでガリガリとかみつこうとしました。もちろん、腹の先は毒針を突き刺さんばかりに動いていました。結局、あきらめたのか窓の外に飛んでいきましたが、今でも思い出すとぞっとします。もしも腹先が少しずれていたら……。きっと光るものに反応したのでしょう。オオスズメバチの恐ろしさを知る貴重な体験となりました。

★甘い判断で、キイロスズメバチに二十三カ所刺される

さらに、スズメバチとのつき合いでは、いくつか忘れられない出来事があります。

一つは、初めてコガタスズメバチに瞼を刺された中学二年生のときのことです。次に、奥多摩で見つけたキイロスズメバチの巣を採集していて頭を二カ所刺されて気を失いかけたことです。三つ目は、キイロスズメバチの巣を十分な用意がないのに採ろうとして二十三カ所も刺されたことです。四つ目は、フィリピンに行ったとき、オオスズメバチほどの大きさがあり、気の荒い真っ黒で不気味なネッタイヒメスズメバチに頭を刺され、痛さと熱帯の暑さとで眼を開けられないほどつらかったことです。

キイロスズメバチに刺された話は、日本でスズメバチ問題が起こり始めた頃の事情と重なります。

スズメバチの調査・研究のために積極的にスズメバチの駆除を受け入れていたときのことでした。ただ、その頃は野外でも実際の駆除でも、横浜周辺では、ほとんどがコガタスズメバチでした。もともと研究の材料でもあるので、見つけては生け捕りにしていた私は、コガタスズメバチなら慎重にやれば、今のよう

なスズメバチの防護服がなくても、殺虫剤を使わずに巣を採るコツをつかんでいました。連絡を受けたのは、横浜市の住宅地日吉の郊外。依頼者と電話で話していて、勝手にコガタスズメバチだと思いこんでいたのです。ところが現場に到着してみると、庭木に見事なキイロスズメバチの巣がついていました。

一瞬、頭の中が混乱しました。コガタスズメバチは、スズメバチのなかでも比較的おとなしく、強い刺激を与えなければ、働きバチは少し待つと巣の中に戻ります。だから、綿がひと固まりあれば採れますが、キイロスズメバチは、働きバチも多く、気が荒く、一度怒らせると収まるのに時間がかかります。また少しの刺激で手が付けられない状態になるのです。持ってきた装備では無理なことを覚悟しつつも、頭の中で巣の採り方をシミュレーションして取りかかることにしました。それは、「巣の入口を綿でふさいで、戻るハチを網で採る、ポリ袋で包み込んで巣を取り外す」というものでした。

しかし、とりかかろうとしたとたん、すぐに、その考えは甘いことを知らされます。巣から二mほどのところまで近づいたとき、異変に気付いたハチが巣内から次々に飛び出てきて私の周りを飛び回りました。ここまで来たら引き返せないと思った瞬間、数匹が動かした腕を何カ所も刺しました。思わずそこから七mほど遠ざかりましたが、数が少し減っただけで追いかけてきたハチは、さらにズボンの上から脚も刺しにきました。私は、ナップサックをその場に落とし、持っていたタオルを振り回し、そこにハチの注意を向けてさらに逃げました。やっと周りからハチがいなくなりましたが、刺されたところは、蚊に刺されたように何カ所も赤く腫れ上がりジンジンと痛みが押し寄せてきました。

黒いナップサックやタオルに群がっていたハチはしばらく立ち去らないので、刺されたところを冷やすなど応急処置をして待ちました。

巣の採取はあきらめて、この日は戻ることにしました。帰る道での運転は、平坦な道路のかすかな揺れにも、刺された腕の痛みが増しました。甘い判断が招いたやるせない結果といえましょう。

それでも翌日出直して、このキイロスズメバチの巣は無事採取しました。

採集したキイロスズメバチの
巣を、巣盤に分解して調査中

[2] 日本のスズメバチ［種類と生活史］

◎スズメバチの言い分［攻撃する理由］

みなさんは、「刺す」といえば「ハチ」を思い浮かべるかもしれません。しかし、すべてのハチが刺すわけではありません。こちらから手でつかんだりしたときには刺すものの、自分から攻撃をしかけてくるハチはむしろ少数派です。「攻撃してくるハチ」は、「社会性のハチ」のグループで、一つの巣に一匹の女王バチと数十匹から数万匹の働きバチが共同で生活し、組織化された集団《コロニー》を形成しています。この巣を守るために彼らは体を張って刺そうとしているのです。これらのグループの中でもスズメバチ類は横綱級といえます。

日本にハチの仲間はおよそ五〇〇〇種いますが、社会性のハチは次のような四三種です。

●スズメバチ類　三属一七種

スズメバチ属　八種（二〇一一年からツマアカスズメバチが対馬に侵入し八種となった）

クロスズメバチ属　五種、ホオナガスズメバチ属　四種

●アシナガバチ類　三属一〇種

アシナガバチ属　七種、チビアシナガバチ属　一種、ホソアシナガバチ属　二種

●ミツバチ　二属一六種

ミツバチ属　二種、マルハナバチ属　一四種

これら四三種の中でも攻撃性が強く、問題になるのはおよそ二〇種類ほどです。

本書では、スズメバチ類の仲間でも大型のスズメバチ属が話題の中心になっています。

横浜市などの都会では、衛生害虫や不快害虫への関心は強く、ムカデ、ナメクジ、ネズミ、ヘビといった昆虫以外の生きものとともに、ハチへの関心が高まっています。

◎棲み分けしながら共に進化した日本のスズメバチ

日本に生息するスズメバチ属の八種は、昆虫界の生態系ではトップクラスにありながら、それぞれ餌や営巣場所などが異なることにより、棲み分けをしています。

大型の昆虫や他の社会性のハチ（スズメバチやミツバチ）を狩り、高度な攻撃力を発達させたオオスズメバチ。多種類の飛翔昆虫を狩り、比較的小さなコロニーで都市域の自然に順応してきたコガタスズメバチ。多種類の昆虫類やクモ、ヒト由来のタンパク質をも摂取し、大きなコロニーをつくるキイロスズメバチ★。キイロスズメバチと習性が酷似し、さらに巨大な規模のコロニーをもち、二〇一二年に長崎県対馬島へ侵入したツマアカスズメバチ。餌をアシナガバチに完全に依存するヒメスズメバチ。餌の大半をセミに依存し、半夜行性のモンスズメバチ。働きバチが羽化して間もないモンスズメバチなどの巣に侵入し、オーナーの女王バチを殺し自らが成り代わるチャイロスズメバチ。亜熱帯の沖縄県八重山地方に生息するツマグロスズメバチです。このうちキイロスズメバチ、ツマアカスズメバチ、モンスズメバチは、コロニーが引越しを行う特異な習性をもっています。

それぞれの種の特徴を39・40頁の表にまとめました。

★同じ種でありながら地理的な変異を示すものを亜種と呼びます。分類上では、キイロスズメバチは、北海道に分布するケブカスズメバチの亜種となります。

［スズメバチの営巣習性の比較］

種類	分布	営巣場所	営巣期間	育房数	覆いの形状	餌	その他
オオスズメバチ	・北海道、本州、四国、九州、対馬などの島嶼 ・中国、朝鮮半島、東南アジア、インド、台湾などに4亜種	遮蔽空間 地中、樹洞、まれに人家	長期営巣型 5～11月	やや大 3000～5000	下部開放型 釣鐘状 波模様	社会性昆虫（コガネムシ、バッタ、ミツバチ、他のスズメバチなど）	新女王数 100前後
ケブカスズメバチ（キイロスズメバチ）	・原名種（ケブカ）は北海道産で、東シベリア、朝鮮半島、サハリン、千島列島に分布 ・キイロは本州、九州、四国、島嶼の亜種で、済州島、朝鮮半島などに分布	遮蔽空間、開放空間 人家（天井裏、床下、軒下）、ブッシュ、樹木枝、幹、崖 融通性大	長期営巣型 5～11月	大 4000～7000 1万超えることも	球状、多型 外被最発達 貝殻模様	昆虫、クモ 広食性	新女王1000前後 移住習性
コガタスズメバチ	・北海道、本州、四国、九州、島嶼 ・中国、朝鮮半島、台湾、東南アジア、スンダ列島などに7亜種	開放空間 樹木枝、軒下など	中期営巣型 5～10月	中 300～800 1000超えることも	球状 外被発達 貝殻模様	ハエなどの飛翔昆虫	新女王 120前後 女王巣逆さフラスコ型
モンスズメバチ	・北海道、本州、四国、九州、島嶼 ・ユーラシア大陸に広く9亜種（人為的には北米東部）	遮蔽空間 樹洞、人家天井裏	中期営巣型 5月下旬～10月	中 500～4000	下部開放型 釣鐘状 波模様	セミ、バッタなど	新女王 150前後 移住習性
ヒメスズメバチ	・本州、四国、九州 ・対馬種、八重山種 ・中国東南部、朝鮮半島、台湾などに数亜種	遮蔽空間 地中、人工物	短期営巣型 5月下旬～9月	最小 200～300 800超えることも	下部開放型 釣鐘状 波型	アシナガバチの蛹・幼虫	営巣規模小 新女王 40前後 移住習性
チャイロスズメバチ	・北海道、本州近畿～岡山まで ・中国、朝鮮半島、東シベリア、台湾、タイ、ミャンマー北部	遮蔽空間 樹洞、天井裏、軒下	中期営巣型 6～10月	中 500～4000	下部開放型 釣鐘状 波模様	バッタなどの昆虫、クモ	新女王 120前後 モン、キイロの巣乗っ取り
ツマグロスズメバチ	・八重山諸島（沖縄県） ・台湾、中国南東部、ベトナムなど東南アジア、インド、スンダ列島、ニューギニアなどに110亜種	開放空間 ブッシュ内の低樹木枝	長期営巣型 4～12月	大 800～6500	下部開放型 球状、臼型 外被発達 貝殻模様	バッタ、トンボ	新女王 500前後
ツマアカスズメバチ	・東南アジア、中国、インド、パキスタン、台湾、スンダ列島などに11亜種（人為的にはフランスなどヨーロッパ） ・韓国、日本に侵入	開放空間 樹木幹や枝、人家軒下	長期営巣型 5～11月	最大 3000～3万	球状、多型 外被最発達 貝殻模様	昆虫、クモ 広食性	新女王 3000～1万 移住習性

[スズメバチの攻撃性の比較]

種類	女王バチの体長	テリトリーの警戒力	軽微な刺激への反応	追跡力	毒量	攻撃行動
オオスズメバチ	45 mm	最強 10 m	最大	30 m	最大	カチカチ警告音 いきなり刺すことも
キイロスズメバチ	27 mm	最強 10 m	最大	30 m	大	すぐに攻撃が拡大
コガタスズメバチ	28 mm	中 3 m	中	10 m	中	剪定など枝への刺激で不意に刺される
モンスズメバチ	29 mm	強 5 m	強	25 m	大	キイロに次いで強く反応
ヒメスズメバチ	32 mm	弱 2 m	弱	3 m	最小	いきなり刺すことは少ないが、威嚇は激しい
チャイロスズメバチ	29 mm	強 5 m	強	10 m	大	足元に飛来
ツマグロスズメバチ	28 mm	中 4 m	強	10 m	中	刺激を受けると強く攻撃
ツマアカスズメバチ	26 mm	最強 10 m	最大	40 m	中	個体数が多い分、刺激を受けると広範囲に飛ぶ

＊ツマアカスズメバチは海外での観察に基づく

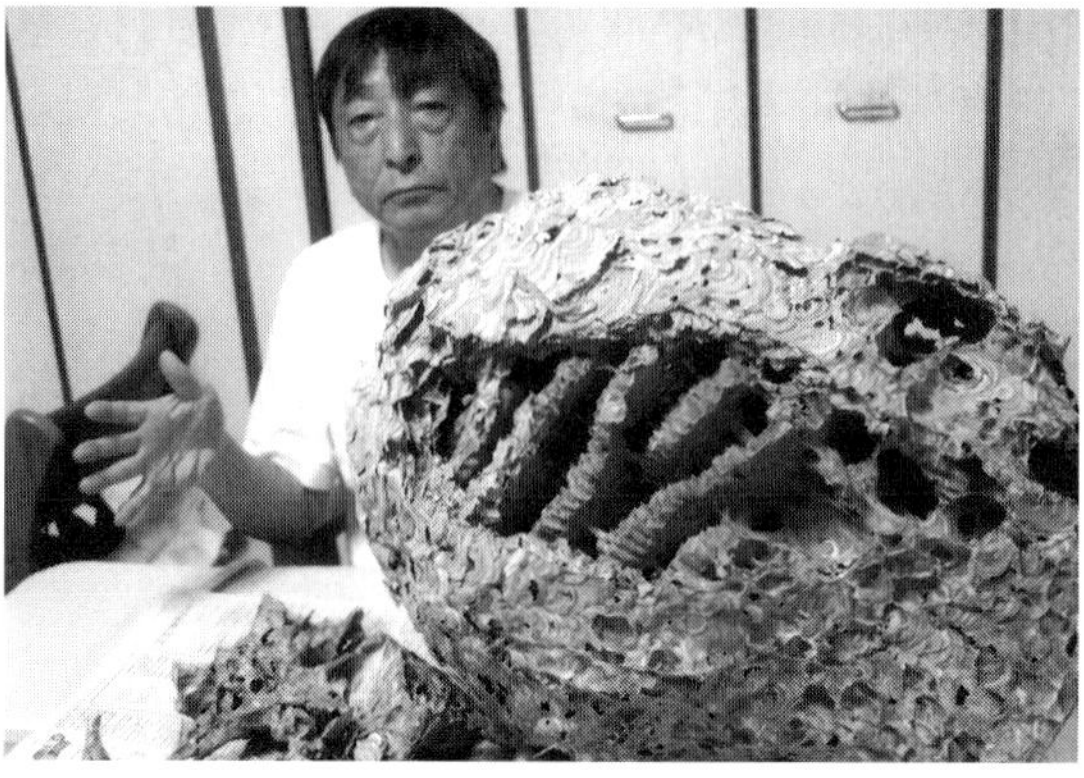

オオスズメバチの攻撃で全滅したキイロスズメバチの巣

[女王バチの巣づくり]

民家の戸袋の天井に、たった一匹で巣を作り始めたキイロスズメバチの女王バチ。

正六角形の「育房《いくぼう》」（子育てのための部屋）と巣をおおう「外被《がいひ》」。女王バチは巣を作りながら産卵にかかる。

外被は巣口を残し、三重に仕上げていく。休む間もなく巣づくりと産卵が繰り返される。

なかに幼虫の姿が見える。巣づくりを始めて１カ月ほどで最初の働きバチが羽化した。

オオスズメバチの女王が作った巣。女王バチは狩りをして幼虫に餌を与え、お返しに栄養が含まれたドリンクをもらう。幼虫のど元を大あごで刺激し、液を出させているところ。

[スズメバチの生活史]

長い冬眠から目覚めた女王バチ（キイロスズメバチ）

巣づくりを始めたコガタスズメバチの女王

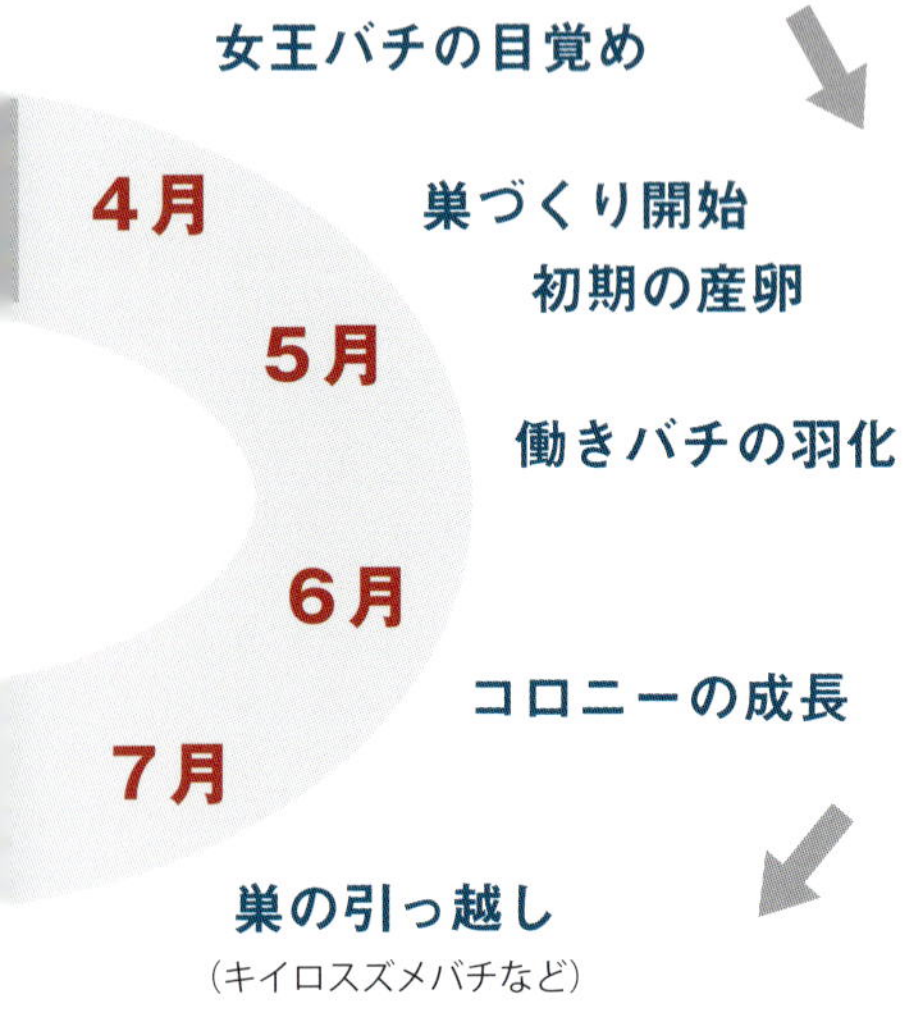

水道メーターボックスの蓋の裏に作ったキイロスズメバチの巣。外側の外被が途中までできており、なかでは幼虫が育っている。

羽化したての働きバチに匂いをつける（フェロモンを与える）オオスズメバチの女王。働きバチはすべてメスで、寿命はおよそ１カ月。

民家の天井に引っ越してきたキロスズメバチ

移住後間もない巣

コロニー解散後に残されたキイロスズメバチの巨大な巣。通常は二度と使われない。

越冬中の新女王バチ（コガタスズメバチ）

女王バチ冬眠

コロニーの解散

11月

交尾

10月

次世代の
女王バチの羽化

オスバチの誕生

9月

コロニーの
勢力最大に

8月

交尾するオオスズメバチ

キイロスズメバチのオス。女王バチをキャッチするため、カーブした触角が長く伸びている。

新しい女王バチが誕生したオオスズメバチの巣。左から２匹目が旧女王。

やぶの中にできたキイロスズメバチの巨大な巣

オオスズメバチ

樹液場に集まるオオスズメバチ

冬眠から覚めて樹液を吸うオオスズメバチの女王

地面に作られたオオスズメバチの巣の出入り口

オオスズメバチ

ミツバチの巣箱を襲うオオスズメバチ

頑丈な大あごをもつオオスズメバチ

キイロスズメバチ

ミツバチを捕らえたキイロスズメバチ

狩りの途中でひと休みするキイロスズメバチ

巣盤が５段あるキイロスズメバチの巨大な巣。外被の一部を取り除いたところ（上下逆さに置いてある）。重ねてつくられた外被は空気の層が何重にもある断熱構造になっているため、暑さ寒さに耐えるすぐれた空調システムを発揮する。

コガタスズメバチ

巣づくりするコガタスズメバチ。くわえた巣材を後ずさりしながら伸ばしていく。

コガタスズメバチの初期の女王巣はフラスコを逆さにしたような形をしているが、間もなく出入り口の筒は壊される。

民家の窓と格子の間に巣をつくったコガタスズメバチ

ヒメスズメバチ

花の蜜を吸うヒメスズメバチ

▲
アシナガバチの巣を襲う
ヒメスズメバチ　▶

モンスズメバチ

餌のミンミンゼミを巣へ運んできたモンスズメバチ

産卵するモンスズメバチの女王

前年のコガタスズメバチの巣を利用したモンスズメバチ。非常に珍しい例である。

チャイロスズメバチ

巣材を集めるチャイロスズメバチ。
大あごを使って樹皮をはぎとり唾液と混ぜながら丸めていく。

▲
樹液場に集まり、樹液を吸うチャイロスズメバチ ▼

樹液場にあらわれたオオスズメバチとものおじしないチャイロスズメバチ

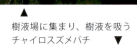

ツマグロスズメバチ

西表島で見つけたツマグロスズメバチの大きな巣。
接近すると巣口から警戒する働きバチが出てきた。

巣に運んできた餌をさらにかみ砕く。

西表島のツマグロスズメバチ

巣の外被をつくる働きバチ

防護服を着て巣を取り除く著者

飼育していたコガタスズメバチを観察中（1975 年頃）

〔3〕スズメバチの問題は解決するか？

❶スズメバチは駆除しても減らない？

一九九四年にスズメバチの「爆発的な大発生」が起こり、それ以前に比べると発生数はおよそ一〇倍になりました。その後も増減を繰り返していますが、以前の発生数のレベルの比ではなくなりました。

こうした背景を受けて、多くの自治体で駆除助成の制度がつくられるようになり、ペストコントロール協会との連携も進み、駆除体制が整備されていきました。また、防護服の開発、駆除技術の普及向上、専用の殺虫剤や用具の開発など著しいものがあります。たとえば、専用の殺虫スプレーの噴射力などを見ると、一見誰でもスズメバチを駆除できると錯覚してしまうほどです。

ところで、スズメバチによる刺傷事故やメディアのアナウンス効果もあり、住民の多くがスズメバチに対して神経を使うようになり、巣が見つかった段階で次々に駆除を依頼するケースが増えています。本来、高い木や人間生活から距離があり危険性がほとんどないような場合でも、スズメバチが飛来したり、隣近所からクレームがついたりすれば駆除されていきます。メディアでは夏から秋にかけてスズメバチの特番を組み、スズメバチの危険さを度々紹介し、「季節のネタ」として欠かすことがありません。こうして、スズメバチは必要以上に駆除されているのが現実です。

先にも述べたように、横浜市内では、相変わらずキイロスズメバチの優位はゆるぎません。しかし、微妙な変化も現れています。市内では数年前から樹液場などでモンスズメバチを観察するようになったのです。二五年ほど前に横浜市北部

スズメバチ駆除依頼件数の推移（横浜市生活衛生課）

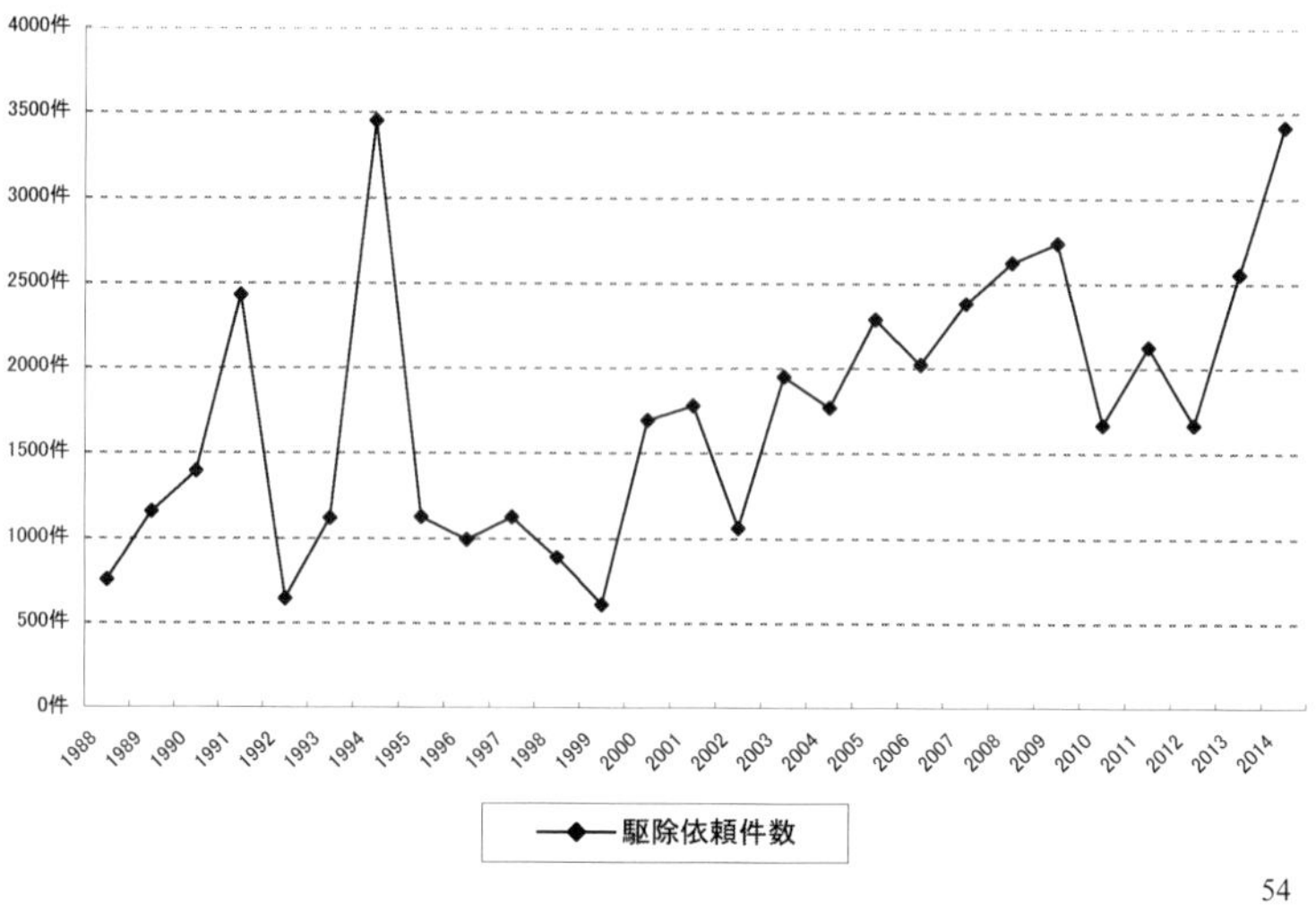

の緑地の樹液場で観察して以来のことです。二〇一四、一五年は、モンスズメバチの巣を保土ヶ谷《ほどがや》区と旭区で採集しました。こうした動きと連動するかのように、二〇一三年、モンスズメバチなどの巣を乗っ取ることで知られる、希種チャイロスズメバチの働きバチが保土ヶ谷区の樹液場に来ていました。横浜市では初めての観察例になります。ただ、七月下旬にコロニーは滅亡してしまいました。営巣場所がプレハブの天井裏だったため、猛暑による気温の上昇が原因と思われます。また、二〇一五年には市内の公園に仕掛けたトラップにチャイロスズメバチの女王バチがかかっていました。

スズメバチの種類は地域によって大きく異なっています。全国的にみると、横浜市、札幌市、神戸市、広島市、北九州市などはキイロスズメバチが優占種で、名古屋市はコガタスズメバチが九〇%を占め、京都市は近年コガタスズメバチが優占種になっています。このほか競合している都市も多いようです。また、全体の駆除依頼件数では、東京都、横浜市、札幌市が年二〇〇〇件を超えています。

一方、スズメバチの刺傷事故で亡くなられる方の数は減少傾向にあります。これはスズメバチの生態や危険性が知られてきたことが大きな要因となっているものと思われます。

◎スズメバチの巣の数は何で決まるのか

スズメバチの巣の数・個体数は、いうまでもなく女王バチの数がカギを握っています。ふつう、越冬を終えた時点で女王バチの数が多いと大量に発生すると考えられがちです。しかし、スズメバチは昆虫界の食物連鎖で上位にあることから（132頁参照）、餌資源の量に大きく影響を受けます。つまり、数が多すぎると餌場、営巣場所をめぐって同種間でも争いが起こり相殺されていきます。採集した巣の下に同種の女王バチが死んでいることもあります。

スズメバチは、越冬から目覚めるとすぐに近くで巣を作るわけではなく、かなりの距離を移動しながら生息密度の調整をしています。九〇年代に四年間、越冬女王バチにマーキングして三〇〇匹ほど放ってみたことがありました。その後、巣を探したり、駆除依頼を受けて採取をしたりしたところ、マーキングした女王巣を、放った地点から五〇〇ｍと直線距離で八㎞の地点でみつけました。たった二例にすぎませんが、おそらくこれは生息密度の調整を計り、移動する距離が長くなっていることを物語るものでしょう。

また、春先にスズメバチが少ないと直感したとき、実際のシーズンを終えると営巣数は多いことがよくあります。スズメバチの巣の数は、生息密度が高すぎれば減り、適度であれば順調に育つのだと考えられます。

スズメバチも生態系の絶妙なバランスの上に生きているのではないかと実感しています。

◎トラップは救世主？

近年、スズメバチをターゲットにしたペットボトルの誘引トラップが仕掛けられることが多くなりました。

不特定多数の人が利用する緑豊かな施設では、シーズンになるとスズメバチが営巣したり、飛来したりする可能性があります。そこで、スズメバチの被害、トラブルをできるだけ避けたいと、トラップを仕掛けることにしたのです。もともとはスズメバチの数をコントロールすることを狙って考案されたものですが、最近ではスズメバチ退治の切り札のような位置づけで用いられるようになっています。

設置場所も、公園、ゴルフ場、学校や保育園、緑地の中の飲食店などバラエティに富むようになりました。こうした施設ではスズメバチが飛んでいるだけで問題視され、クレームが寄せられることもあるからです。

このトラップは、お酒や砂糖、コーグルトなどを混ぜてスズメバチが好む液をつくりペットボトルの中に一〇㎝ほどの量を入れたもので、容器のやや上の方に横長に入口を切り、地上から三mくらいのところに吊すのです。四月上旬、越冬から女王バチが目覚める頃に仕掛けます。匂いに誘われてやって来たスズメバチが中に入ってこの液を吸いますが、入口は出口と兼ねてはいません。ちょっとたらふく飲んで体も重くなったところで窓まで登ろうとしますが、脚を滑らして下の液に落ちてしまいます。つかまるところもなく、もがいているうちにおぼれてしまうのです。

さて、ではこのトラップは目的通りの効力が得られているのでしょうか。私はいくつかの問題点が隠されていると考えています。

［トラップにかかったスズメバチの種類の割合］

	オオ	コガタ	キイロ	ヒメ	モン	チャイロ	総数	調査期間
名古屋市	39.7 %	38.0 %	1.4 %	11.4 %	7.8 %	1.7 %	589 匹	4～6 月 2017 年
横浜市	33.9	36.7	2.1	18.1	8.6	0.6	233	4～6 月 2013～15 年
屋久島	16.6	69.8	0.8	12.8	0	0	1670	4～6 月 2010～17 年
十日町市	11.4	10.0	39.3	4.0	1.6	33.7	700	2010～11 年
横須賀市	19.6	19.3	28.5	19.9	12.7		3305	4～6 月 2010～17 年

	オオ	コガタ	キイロ	ヒメ	ツマアカ			
対馬市	23.8	17.2	17.9	10.8	30.3		2065	7 月 2017 年

＊名古屋市は女王バチのみで 4 ～ 6 月を推定。トラップの侵入口や設置場所などでトラップ調査は微妙に異なる結果になる。一度入った個体が脱出するケースもある。新潟県南部の十日町市は標高 300m の森林公園で月は不明。

ペットボトルでできた
スズメバチトラップ

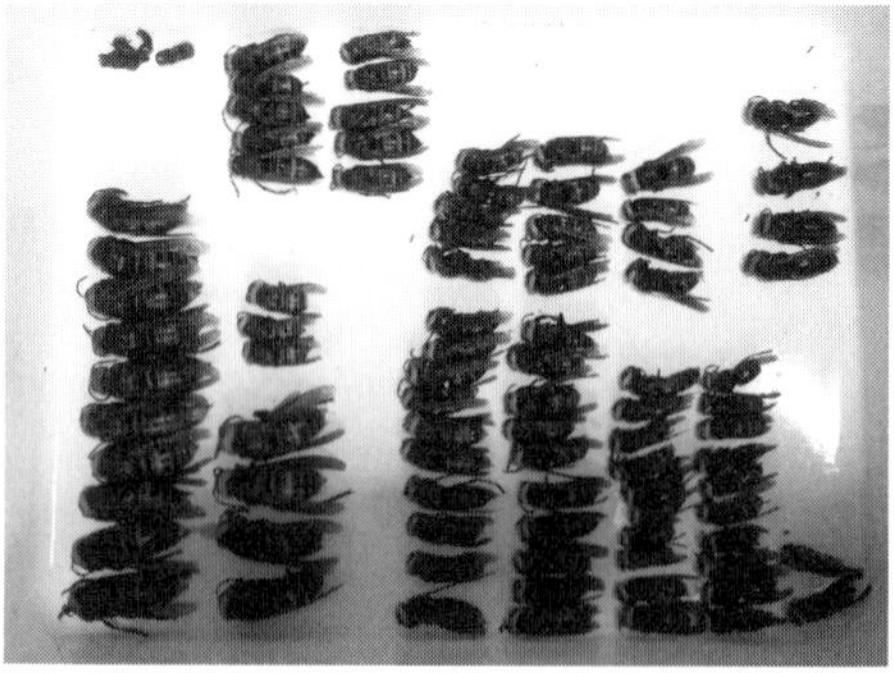

トラップにかかったハチ

実際に、横浜市内の総合公園で三年間（四月下旬〜六月上旬）、職員によって設置されたトラップの結果を見てみましょう。

ある年の五月も終わる頃トラップを回収すると、様々な種類のスズメバチがガやハエなどと共に入っていました。巣づくりのため必死で餌を見つけて栄養をつけようとしたのでしょう。

このトラップにはまったスズメバチの種類は、オオスズメバチが三〇匹と多数で、キイロスズメバチ、コガタスズメバチ、ヒメスズメバチが各一匹の結果でした。別の年でもオオスズメバチ二〇匹、コガタスズメバチ、モンスズメバチ各六匹、キイロスズメバチ一匹となっています。しかも、この時期は全て女王バチです。大都会の横浜駅からそう遠くないところで多数のオオスズメバチがかかったのは予測できないことでした。

この結果、オオスズメバチの女王バチの多くがいなくなります。たとえば、女王バチが三〇匹いなくなることは、巣が三〇個なくなることを意味し素晴らしいアイデアだと思いませんか。

では、スズメバチは減るのでしょうか。

答えはノー！です。もともとスズメバチの女王バチは九九％以上が巣づくりの途中で病気や事故によって死んでしまいます。残った女王バチは、餌や巣づくりの場所で競争相手が少なくなるので、むしろ有利になります。

三年間のトータルで見ると、トラップにかかった種類は、コガタスズメバチが三六・七％、次いでオオスズメバチの三三・九％、以下ヒメスズメバチ一八・一％、モンスズメバチ八・六％、キイロスズメバチ二・一％、チャイロスズメバチ〇・四％と続きます（58頁表）。

オオスズメバチはキイロスズメバチの天敵です。コガタスズメバチ、モンスズメバチは、競合関係にあります。

オオスズメバチはキイロスズメバチの大発生を抑える働きをしていますが、こうしたトラップの特性によれば、オオスズメバチだけが減ることになります。私は、トラップが今後も大がかりに仕掛けられると、キイロスズメバチの多発生傾向に拍車をかけることになるのではないかと疑念を抱いています。

また、トラップを掛けるとスズメバチが誘引されて集まってきます。トラップで一定数のスズメバチを捕えることができるのも事実ですが、匂いにひかれて集まる個体が周辺を飛び回ります。ある保育園ではトラップに多数のスズメバチが飛来し、かえって恐怖心を煽ることになりました。

スズメバチの発生メカニズムについていろいろ調べてきましたが、女王バチは、巣づくりまでの間にかなり移動して、広い範囲で自分たちの生息密度を調整しています。もし、誘引トラップを使うなら、むしろ八月頃に仕掛けて、働きバチの数を抑えるようにした方が環境全体にも、事故を減らす意味からも理にかなっているというのが、私の考えです。

また、横浜市で数十年ほとんど営巣が確認できなかったモンスズメバチが一定数いることが明らかになりました。さらに、県内でも営巣記録がほとんどないきわめて珍しいチャイロスズメバチも一匹含まれていました。トラップにはキイロスズメバチはほとんど入らないという傾向は、名古屋の調査でも表れています。スズメバチトラップは調査としては意味がありますが、今後も大がかりに仕掛けられると、生態系に及ぼす影響が相当に大きくなると思われます。さらに、トラップは誰でも簡単に設置できることから、もし不備があれば、入りはするものの簡単に脱出できて、餌場になってしまう場合もあるようです。

❷刺されないために［攻撃のサインを見逃すな！］

スズメバチの攻撃は、あるとき突然やってくるように見えます。でも、意味なくそうした行動に出ることはありません。

巣の前でスズメバチの行動を観察していると、攻撃する前に、いくつかのサインを出しています。「スズメバチは狂暴」といわれますが、ふつうの狩りでは、毒針を使うことはありません。また、彼らとしても、トラブルに余分なエネルギーはできるだけ使いたくありません。

そこで、できることなら攻撃しないで済むように、私たちにサインを出しているのです。

プレステップ「監視行動」

巣への脅威がないか。二十四時間体制で巣口から外の異変を監視し、即時対応できるようにしています。

巣が何らかの危機にさらされたと判断すると、

ステップ①「警戒行動」

異変を感じるとまず、「警戒」飛行を行います。たとえば、人間が（知らずに）巣に近づいたときです。「ここは入ってはいけないところ」と、私たちの周りを飛び回ります。そして自分たちのテリトリーであることを知らせようとします。

ステップ②「威嚇行動」

それでも気づかず巣の近くから立ち去らないと、次に、大あごをカチカチカチと鳴らし、はっきりと聞こえる音を発して周りを飛び回ります。「威嚇」飛行です。最後の警告です。

このとき気づいて、姿勢を低くしてゆっくりその場を離れたら、大きな事故は避けられます。

ステップ③「武器による攻撃行動」

しかし、私たち人間が警告に気づかずさらにウロウロしていると、周りを飛びながら、黒いもの、動くもの、毛髪部分に入り込むなどして、攻撃対象にしがみつき毒針で刺していきます。

攻撃のサインに気づいた時点で、姿勢を低くしながら、もと来た道を引き返すように、その場からできるだけ早く遠ざからなくてはなりません。少なくとも巣から二〇mは離れるようにしましょう。

こうした異変に気づかずにその場にとどまっていると、巣内から次々に刺すために出動してきます。また、警戒飛行でやってきたスズメバチに恐怖を感じ、手で振り払おうとしたり、大きな動作で対応したりすると、動いているものに反応して一気に刺す行動に移ります。

運悪く、一匹に刺されてしまったら、恐怖心と激痛のため動けなくなってしまうことすらあります。ただ、そこにじっとしていると、次々に攻撃するハチが集まってきて、毒液の散布をされることがあり、それが目標となり最悪の場合、何匹ものハチに刺されてしまうことになります。しかも、スズメバチの針はその形から、ミツバチのように腹から抜けることがなく、何度も刺すことができるのでとても厄介です。

この攻撃の三段階のステップのうち、早目にサインをキャッチすることが何よりも大切なのです。とくにオオスズメバチでは、このステップの間隔が短くなります。

スズメバチの行動は、私たちの気持ちから考えるのではなく、あくまでも彼らの側から見なければなりません。コロニーが危ないと察知する最たるものは、巣に伝わる振動です。地中に巣があることが多いオオスズメバチは、「地ひびき」が巣に伝わったときは、いきなり三番目のステップに切り上げられるので少しの油断もできません。

ただ、毒針は意外にも、限られたときにしか使わないのです。

一つは、自分たちのコロニー（巣）が危険にさらされたとき、もう一つは、自分の体がとらえられたときです。手でつかめばスズメバチに限らずハナバチでも、ドロバチでも刺されるでしょう。

問題は、刺される事故の多くは、人間の意志で巣に近づいたのではないというところです。

さらに、厄介なことにオオスズメバチの巣は、直接に見えるところにはつくられません。地中や太い木の樹洞がほとんどです。大きな巣であっても人間からは直接見えるものではないのです。

オオスズメバチに刺される被害は、山林で木を切ったりする山仕事、ハイキングや遠足、トレッキングなどアウトドア活動の際に起こっています。巣の近くを歩いて、知らず知らず巣に驚異を与えてしまうのです。学校の秋の遠足など下見は必ずしていますが、巣を見つけることはまず難しいでしょう。


では、被害を最小限に食い止めるにはどうしたらよいのでしょうか。

先にあげた野外活動にあたり、注意すべきことがいくつかあります。

スズメバチは、私たちを天敵だと考えています。刺すときには、むやみに刺しに来るわけではなく、どこを狙うのかもはっきりしています。

まず、頭が狙われます。とくに標的にするのは、頭髪や顔面の黒い部分、瞳や眉毛などです。次に、動くものが刺す対象になります。そのほかにもひらひらした服、興奮させる強い香水や整髪料です。ハチが服などにしがみついたとき毒液がつきますが、そこも狙うポイントにされてしまいます。

多人数が歩くと、少し離れている巣でも地面を伝って振動が届き、興奮状態になりえます。

決められた道を外れて林の奥に入ったり、大騒ぎして歩いたりするのも刺される事故につながる可能性があります。

スズメバチの本当の姿を知ったら防げる事故は沢山あります。

平常状態の巣（キイロスズメバチ）

刺激を受け警戒に入った巣

3 スズメバチの毒［もし刺されたらどうなるか］

毎年のように夏から秋にかけてスズメバチによる人への刺傷事故が起こります。テレビでもスズメバチの特集が必ずといってよいほど組まれます。

「スズメバチに二度刺されると死ぬ」というのは、よく耳にする言葉ですが、なぜ刺されて死ぬなどということが起こるのでしょうか。スズメバチの毒は「カクテル」と呼ばれますが、これはどういう意味でしょうか。カクテルといえば、洋酒にジュースやシロップなどを調合した飲み物で、いろいろ混じり合っていることのたとえです。

スズメバチの毒は、主に三つの成分からできています（舐めてみると、ちょっぴりピリッしてとても苦みがありました）。

①アミン……痛み、腫れなど
②ペプチド……神経毒、血液破壊、溶血、アレルギーなど
③酵素……細胞の破壊、アレルギー、溶血など

「ハチの生態とハチ毒及びその予防、治療対策」（林材業労働災害防止協会編）より

刺されたときの一般的な症状である痛みや腫れは当然ですが、ペプチドなどの「神経毒」が、心筋（心臓の筋肉）や呼吸の麻痺を引き起こします。また、「ホーネットキニン」などの酵素はアナフィラキシー

ショックの原因物質です。毒のカクテルと言われるだけに、複雑に作用し危険なのです。

スズメバチの毒は、毒針が刺さったとたんに注入されます。死にかけている個体でも、腹部に触れ、少しの刺激を与えただけで毒針は作動します。

毒は体内に入った瞬間からいろいろな悪さをします。皮膚の組織を破壊し、強い痛みや腫れを引き起こします。また、血液の白血球を破壊したり、血圧を下げたり、気道が腫れて呼吸がしにくくなったりすることもあります。これは、毒の成分がとても複雑であることを示しているとも言えます。

毒針は、中心に針があって、二本の鞘《さや》が大切な針を守っています。少し硬いものにでも入るようにノコギリのようなギザギザのついた鞘は、一瞬で上下に動き皮膚を切り裂き食い込むことができるのです。

スズメバチに刺されると、焼けた釘に触れたような熱く鋭い痛みがじりじり広がっていきます。頭など刺されると、きついヘルメットを無理やりかぶらされたときのしめつけられるような痛さで、触れなくても手を頭に近づけただけで痛みが走るような感覚になります。

私の体験では、刺されると六時間から八時間ぐらいはドクンドクンと脈打つように痛みのリズムが続きます。痛みと同時に刺された箇所を中心に腫れが広がります。漫画で描かれる「たんこぶ」のようなものではありません。そして、腫れた箇所は熱をもちます。痛みが少しおさまると、腫れ上がったところの周りから強い痒みがあらわれます。

アシナガバチに刺されたときも痛みは相当に強いですが、それでも三〇分くらいでおさまっていきます。しかし、スズメバチに刺されると、痛みも腫れもアシナガバチとは比べものになりません。

さて、スズメバチの毒の量はどれくらいなのでしょうか。毒針の根元は、管で「毒のう」という毒が収められているところにつながっています。毒のうにあるキイロスズメバチの毒の量は〇・四mgであるのに対して、オオスズメバチは、一・一mgでほぼ三倍です。

毒量が多い分、オオスズメバチが人間に与えるダメージは格段です。とはいえ、キイロスズメバチに刺されたときの痛みが弱いというわけではありません。むしろ鋭い痛みに襲われます。

オオスズメバチに刺されたときは、体の奥深くにズシンと衝撃が走るような重い痛みを感じました。感じる痛みやダメージの大きさには個人差があり、そのときの体調にもよることは言うまでもありません。

万が一、みなさんがスズメバチに刺されてしまったら、すぐに次の処置をしてください。

①刺されたところに十分に水をかけながら、つまんで毒をしぼり出すようにする。
②刺されたところを冷やして、抗ヒスタミン剤の軟膏を塗る。
③できるだけ早く病院へ行く。

4 ハチアレルギーのメカニズム

ハチアレルギーの仕組みはどうなっているのでしょうか。刺されると、なぜ死んでしまうほど大事になってしまうのかを見ていきましょう。

スズメバチに刺されると、だれでも、とても痛くて、しばらく経つと刺されたところが腫れてきます。これはみんなに同じようにあらわれる症状です。

私の経験では、強い痛みが六〜八時間ほど続きます。ドックンドックンと血液の流れのリズムのように波打つような痛みです。また、刺された箇所の腫れは三〇分もすると周りへ広がっていきます。刺された場所によって痛みが異なり、頭部や指先はとても強く、脇腹や背中ではやや弱くなります。

一方、ハチの毒が人間の身体に入ると、「受け入れられないもの」として記憶されます。これはウイルスや細菌の場合と同じです。こうした異物に抵抗するメカニズムが「免疫」で、とても大切な役割をしています。体内に入ったら困るものを記憶する仕組みを「抗体ができる」といいます。抗体ができると、二度目に同じ異物が体内に入ったときに、排除しようとして、必要以上に急激な反応を起こすことがあります。これが「ハチアレルギー」(アナフィラキシーショック)と呼ばれるものです。ただ、ふつうは、このようなアレルギー反応ではなく、痛い、腫れるといった症状でとまります。

ハチアレルギーが起きると、痛みや腫れ以外に、くしゃみ、鼻水、じんましんの症状が見られます。さらに、アレルギー反応が強いと呼吸困難、血圧低下、心臓機能の低下などの症状が出ます。こうなったら一刻も早く病院で手当をしてもらわないと大変なことになります。命にかかわるのです。「スズメバチに二度刺されると死ぬ」と言われるのは、このような状態に陥ることがあるためです。

東京都の山岳部・奥多摩へスズメバチの調査に出掛けたときのことです。山の斜面の切り株の巣を採ろうとして、頭を二カ所刺されてしまいました。中学二年生のときに刺されて以来、二度目のことでした。刺されるとすぐに鼻水が流れ出しました。そして、くしゃみも続けて出たかと思うと、全身にじんましんが出てきました。体が十数年前のことをしっかり覚えていたのです。

そんな状態でしたが、巣は何とか採集しようと必死でした。巣を採り終えると、高熱が出たときのようにぐったりとして、やっとのことで山の斜面から道路まで戻りました。道路のはしに、へたりこむようにしゃがんでいると、たまたま通りかかった車が止まってくれて奥多摩駅まで乗せてくれました。私が大事そうにスズメバチの巣をかかえていたので、「よく巣が採れましたね」「蜜は採れるのですか」など、いろいろ聞かれました。どんなふうに答えたのかよく覚えていません。ただ、「病院に行きましょうか」と尋ねられて、断ったことだけは覚えています。

何とか乗った電車の中では、すぐ近くで話す人の声が一〇m先で話しているように聞こえました。どうなるものかと思いましたが、幸いなことにしばらくすると力の入らなかった体が少しずつ元に戻ってくるのを感じました。この二時間くらいの出来事がハチアレルギーの症状そのものだったのです。私は幸運にも命拾いをしました。

5 ミツバチの被害

養蜂家にとって、オオスズメバチなどは、悩ましく最も憎き敵でしょう。

養蜂業の方々にたずねてみると、多くの養蜂家はおよそ三~四割のミツバチのコロニーがオオスズメバチの被害に遭い、全滅したり、冬を越せなくなったりしてしまうといいます。年によってスズメバチの発生数が多かったり少なかったりするので、違いがあるのは当然ですが、小規模養蜂では、多いときは六割がやられる年もあるほどです。スズメバチ対策は粘着シート、バトミントンのラケットでたたく、トラップを掛ける、虫網でとらえて潰すなど人手がかけられる場合は被害が減少します。ただ、キイロスズメバチによる狩りなどの干渉でストレスがかかった上に、アカリンダニなどの被害が重なったりすると、ニホンミツバチでは逃去したり、冬を越せなくなったりする大きな影響が出ます。

私も依頼されてミツバチを飼っていたことがありますが、ひどい目に遭いました。二〇~三〇匹のオオスズメバチの集団が何回もやってきてセイヨウミツバチのコロニーはほぼ壊滅してしまいました。東京の銀座のビルの屋上での養蜂が大きな話題になったことがありますが、大都会の真ん中の方が被害は少ないでしょう。コロニーを滅ぼすオオスズメバチは都心にはほとんどいないからです。

キイロスズメバチの攻撃の仕方は、ミツバチを一匹ずつとらえては肉団子にして巣に持ち帰ります。その点、ミツバチの活動に多少影響が出たとしても、三万匹のミツバチ集団にとっては、そうした損害は織り込み済みです。オオスズメバチと他の種類とでは被害はまったくちがいます。

養蜂業の方たちは、スズメバチ対策を講じていますが、ミツバチのコロニーを守る決定的なものにはならず、結局、見回りをふやすなど、養蜂家に負担がかかっているのが現状です。

被害をもとから絶つには、スズメバチの巣を見つけて駆除するしかありません。

横浜市のような大都会でも、多少の山林が残っている所では、オオスズメバチも生息していますから、大挙してやってくることが少なくありません。私の場合、実際に三〇〇ｍ以内に巣が二つも見つかりました。ただ、巣はハチを追跡して探すので、スズメバチに慣れていても、数日から一週間かかります。その間、ミツバチへの攻撃は止むことはありませんでした。

養蜂はこうした損害を織り込み済みで行っていかなければならないのです。

6 スズメバチの駆除について

スズメバチの駆除について、いくつか思うところがあるので、この機会に記しておくことにします。八〇年代後半から九〇年代にかけて、スズメバチの駆除件数が飛躍的に増えていったことに関連し、私の住んでいる横浜市をはじめ多くの自治体では、駆除にかかわる料金の半額負担などの制度を普及していきました。しかし、近年は、財政難を理由にサービス抑制の時代になっています。ここ数年で多くの自治体がこうした制度を取りやめています。個人的には、スズメバチの営巣は、住民の責任や意思などとは無関係で、トラブルが起これば命にかかわる場合もあるので割り切れないものを感じています。収入の減少や年金生活者が増加する中で、自費での駆除は負担感も大きいのではないでしょうか。

また一方で、防護服の市民への貸与の制度も普及しています。防護服を着用しても、スズメバチの生態を熟知していない場合や慣れていない状態で駆除を行うとなると、二次被害の危険も少なくありません。真夏の防護服着用や高所、閉所の作業は見た目以上に過酷で危険だからです。

私は駆除を生業としているわけではありませんが、シーズンになるとそれなりに駆除の依頼が来ます。あるとき、幼児教育施設からスズメバチについて相談の連絡を受けました。現場に着くと何匹ものオオスズメバチが飛び交っていました。少しでも個体を減らしたいとの考えから園内の木にトラップを仕掛けていました。確かにオオスズメバチが多数入っていましたが、それ以上にトラップ液の匂いに誘引されて多数のスズメバチが周辺に集まる状況になっていたのです。駆除業者を呼んで巣探しと対策を依頼したが、結局見つからず、対策も講じられなかったといいます。とはいえ、調査や出張ということで費用が発生します。こうした場合の料金設定は、依頼者に事前に知らせなければなりません。また、巣が七段であったことを理由に高額の請求を受けたなどの事例もありました。料金には当然、危険手当も含まれるでしょう。高所、閉所、巣のあるところまで入れないなどで薬剤の量も一定ではありません。さらに、巣が引っ越しの途中の場合、元巣の場所が見つからなければ、後日に再度駆除することもありえます。ただ、こうした場合もよく説明し、ガイドラインの設定が必要なのではないかと考えています。

また、大量の殺虫剤を散布したため、後で雑巾拭きしていたら手の皮がむけたという事例もありました。メディアのスズメバチ特番で、駆除する前に巣の外被を壊してハチを飛び出させ、派手に薬剤を散布するという方法を見ることがありますが、あえてそうした方法をとるのはいかがなものかと思います。「絵になる」からといって、メディアもそうした場面設定を要求すべきではないと思います。

駆除の際、足場が悪いときは、退路の確保を確実にし、安全を第一に考えることが大切です。駆除の依頼者側としても、二次的な被害が出ることは避けなくてはなりません。

もう一つは、時間がかかっても火気と殺虫スプレーの併用はしないという安全な駆除を基本にすることです。多数のスズメバチが飛来しているとしても、一〇匹、二〇匹と時間をかけて捕獲していけば確実に勢力は減少してきます。ハチは無限にいるわけではないからです。

以上のようなことからも、駆除業者は、駆除を自社の経験だけに頼らず、基本的な生態の講習会を開いたり、業者間で情報交換したりする機会を持つことが大切なのではないかと考えます。

スズメバチの巣を採集するときに用いるグッズ一式。防護服、革手袋、長靴、捕虫網、スコップ、移植ごて、殺虫剤、カメラ、ピンセット、脚立、チェーンソー、ポイズンリムーバー、ポリ袋など、多岐にわたって準備する。

[コラム]

防護服の機能性

防護服は、スズメバチが服や皮膚につかまって刺すことから、とまりにくい生地を使うという発想をもとに開発されています。

現在使用されている防護服は、大きく分けて2種類あります。

絶対に毒針が貫通せず刺されない生地でできた防護服と、軽量で通気性がある生地でできている防護服です。年々改良も加えられ、頭部の形状や熱を逃すモーターを取り付けるなど、様々な工夫がされています。

とはいえ、まだパーフェクトに近いわけではありません。夏場に長時間の作業を行う際、重く通気性がないのは、かなりきついものがあります。また、頭部の形状では、どちらかというと頭の形に近いものでないと狭い所での作業には向きません。また、手元はやや厚手の皮手袋、足元も長靴で場合によってはガムテープで密封しなければなりません。通気性のある防護服ではインナーも用意しています。

さらに軽量で通気性があり、何より安全性の高い防護服が求められているのです。

長年の経験からスズメバチを相手にする場合、季節的にも暑さ対策が何より大切だと感じます。顔を覆うプラスチックは、汗で曇るとほとんど見えない状態になり、スズメバチの動きや巣の取り外しなどとてもやりにくくなります。また、シャツは汗を絞れるほどになります。手ごわいスズメバチを相手にする以上、さらに改良を重ねなければならないでしょう。

海外でスズメバチの巣を採る場合、防護服は持っていきません。基本は、フード付きのウィンドブレーカーの上下と面布、そして薄皮の手袋で、いずれもホームセンターで購入できるものです。この装備で巣を採る過程で刺されたことはほとんどありません。これはいくつもの巣を採ってきた経験によるものだと思います。スズメバチの習性を理解していけば、どう攻略するのかアイディアも出てきます。高い木で梯子もないとか、地中の巣で太い根や岩などがあって掘れない場合は、巣を採集することは断念します。東南アジアでは数十ｍの高木も多く観察のみです。

いずれにしても、研究者にとってはできるだけ巣に近づいて観察するために、安全性が高く長時間の着用に耐え、何より自分で扱いやすい防護服が必要となります。

狭い場所でも作業しやすいように頭の形を工夫した防護服

［コラム］

ハチの巣撃退ドローン登場

フランスの企業ドローン・ボルト社（Drone Volt）によるハチの巣撃退ドローン「スプレー・ホーネット（Spray Hornet）」は2016年に養蜂家との協力で開発されました。「スプレー・ホーネット」は遠隔操作で飛び立ち、内蔵したスプレーでハチの巣を撃退することができます。またカメラを搭載しており、巣の除去を動画で確認しながら正確に行うことが可能です。

ドローン本体の重量は約3 kgで750 mlのスプレー缶を内蔵可能。飛行時間は9分～18分で、いざというときのためにパラシュートも装備しています。写真でもハチの巣にスプレーを発射している様子が確認できますが、まるで自分の手がハチの巣の前まで飛んで行って、スプレーをしているようですね！

https://www.youtube.com/watch ? v=483xCUnyh8A
SPRAY HORNET by DRONE VOLT

[世界のスズメバチ]

引っ越しを終えたツマアカスズメバチの巣（台湾）

タイワンヒメスズメバチの巣内

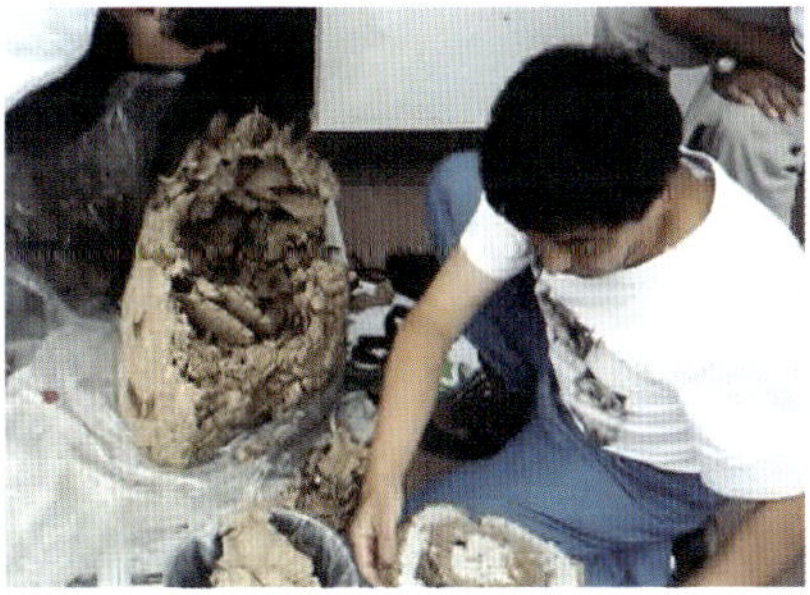

ツマアカスズメバチの巣を採取（マレーシア）

キイロスズメバチの巣（韓国・済州島）

ナミヤミスズメバチ（マレーシア・ボルネオ島ラナウ）

マレーシア・サバ大学の丘陵地にて

ボルネオ島ラナウで見かけたツマアカスズメバチの巣。スコール対策のため先が尖っている。

引っ越し後と思われるツマグロスズメバチの巣（マレーシア・ボルネオ島ケニンガウ）

巨大なツマグロスズメバチの巣（マレーシア）

蜜を吸うツマグロスズメバチ（マレーシア・ボルネオ島コタキナバル）

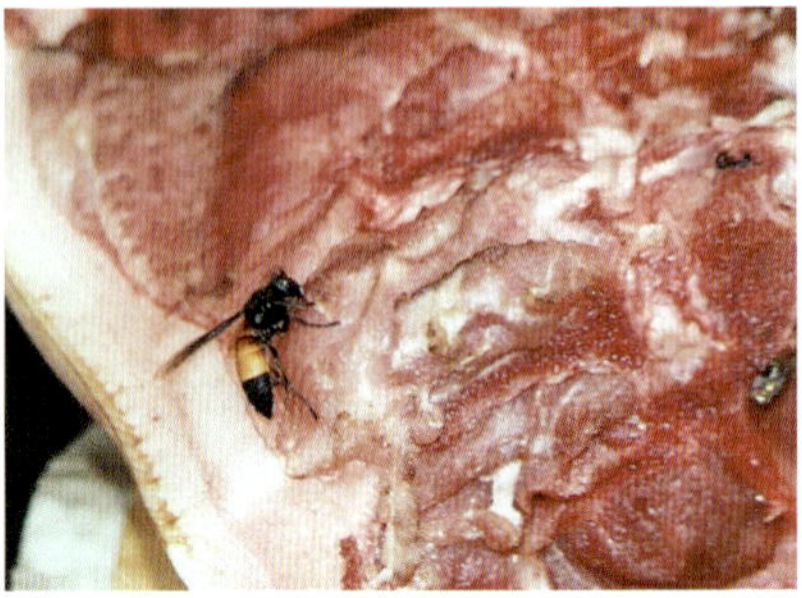

市場の豚肉を餌にするツマグロスズメバチ（ラオス）

ネッタイヒメスズメバチの巣の外被（マレーシア・ボルネオ島ケニンガウ）

シロスジスズメバチの巣（フィリピン）

受け口のようなシロスジスズメバチの巣の入口

外被の一部を壊した
ヤミスズメバチの巣

ガイドのロスティンさんとヤミスズメバチの巣

ヤミスズメバチの巣（マレーシア・ボルネオ島ラナウ）

市場で販売されていたオウゴン
スズメバチの巣（中国・昆明）

4匹の女王がいるツマグロスズメバチの多
女王巣（マレーシア・ボルネオ島ラナウ）

峠からも見えるツマアカスズメバチの巨大な巣（マレーシア・キャメロンハイランド）

スズメバチの巣を販売する市場（中国・昆明）

[世界のスズメバチ属（*Vespa*）22種]

個体の体長はすべて概数である。 Q = 女王バチ、W = 働きバチ

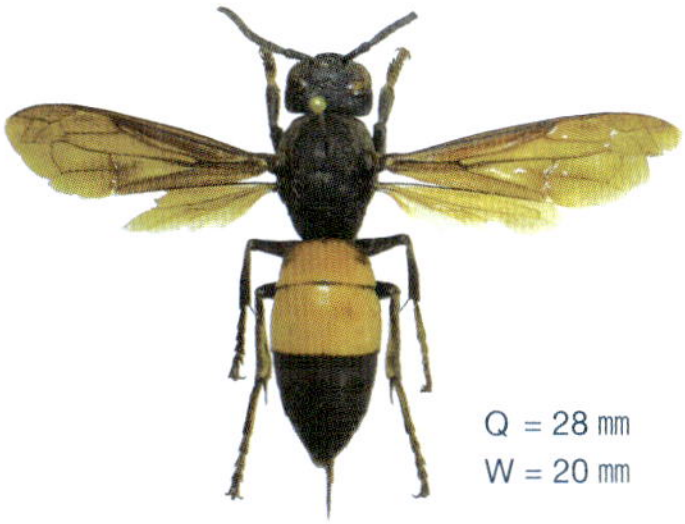

Q = 28 ㎜
W = 20 ㎜

1. ツマグロスズメバチ（Q）
（西表島）

Q = 28 ㎜
W = 25 ㎜

2. コガタスズメバチ（Q）
（インドネシア・バリ島）

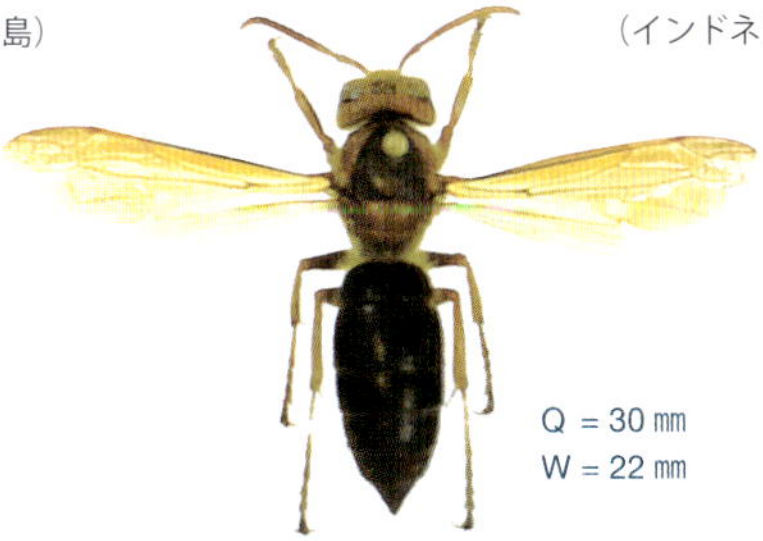

Q = 30 ㎜
W = 22 ㎜

3. ビロウドスズメバチ（Q）
（中国・昆明郊外）

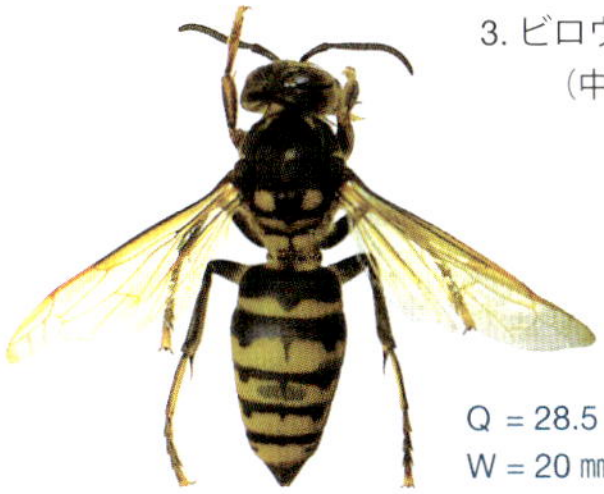

Q = 28.5 ㎜
W = 20 ㎜

4. ボルネオスズメバチ（Q）
（マレーシア・ボルネオ島キナバル山）

Q = 27 ㎜
W = 20 ㎜

5. オウゴンスズメバチ（Q）
（ベトナム・タムダオ）

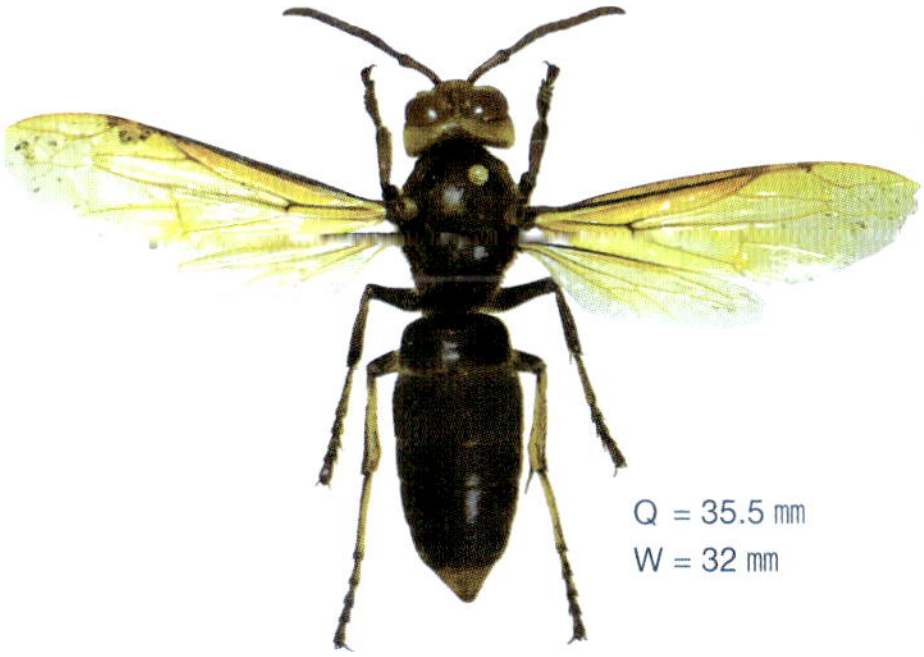

Q = 35.5 ㎜
W = 32 ㎜

6. クラヤミスズメバチ（Q）
（タイ・チェンマイ）

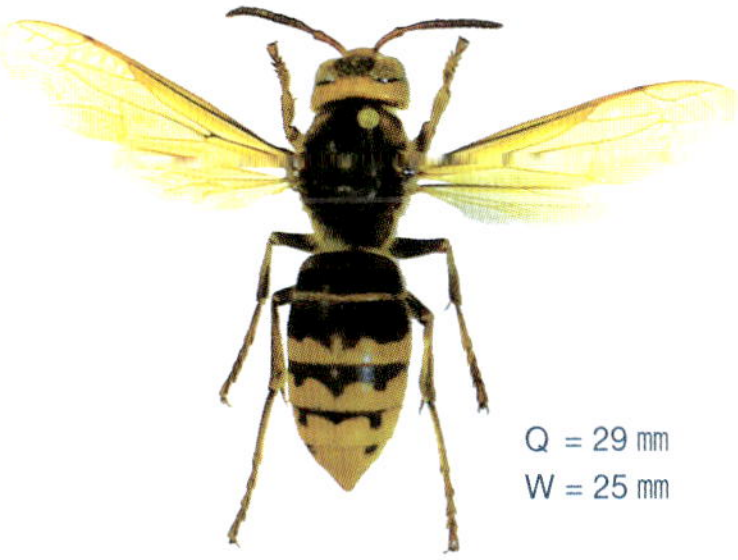

Q = 29 ㎜
W = 25 ㎜

7. モンスズメバチ（Q）
（横浜市）

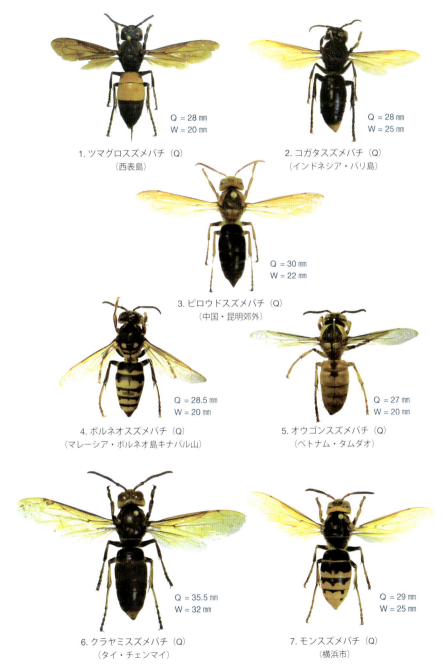

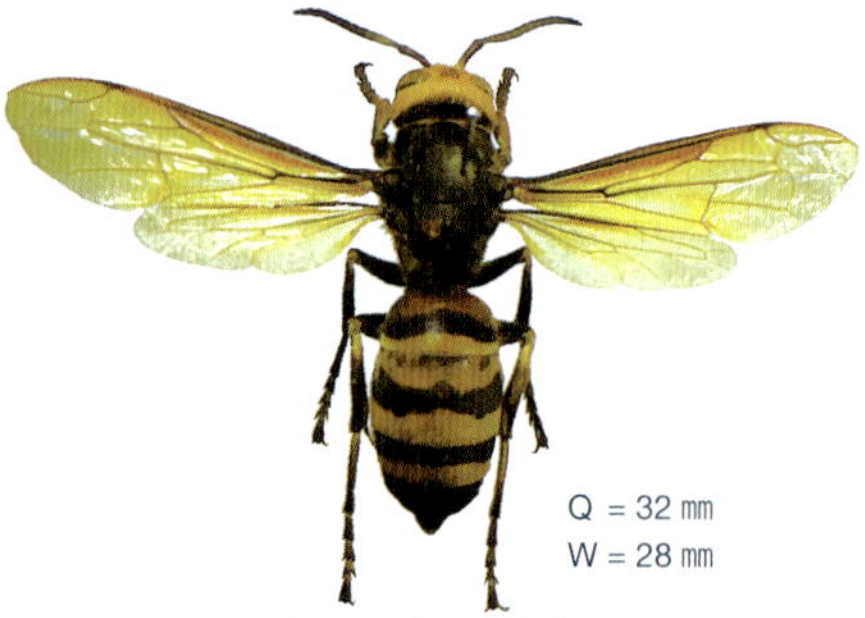

Q = 32 mm
W = 28 mm

8. ヒメスズメバチ（Q）
（横浜市）

Q = 29 mm
W = 21 mm

9. チャイロスズメバチ（Q）
（横浜市）

Q = 30 mm
W = 25 mm

10. スラウェシスズメバチ（Q）
（インドネシア・スラウェシ島）

Q = 32 mm
W = 28 mm

11. ウンナンスズメバチ（Q）
（中国・昆明郊外）

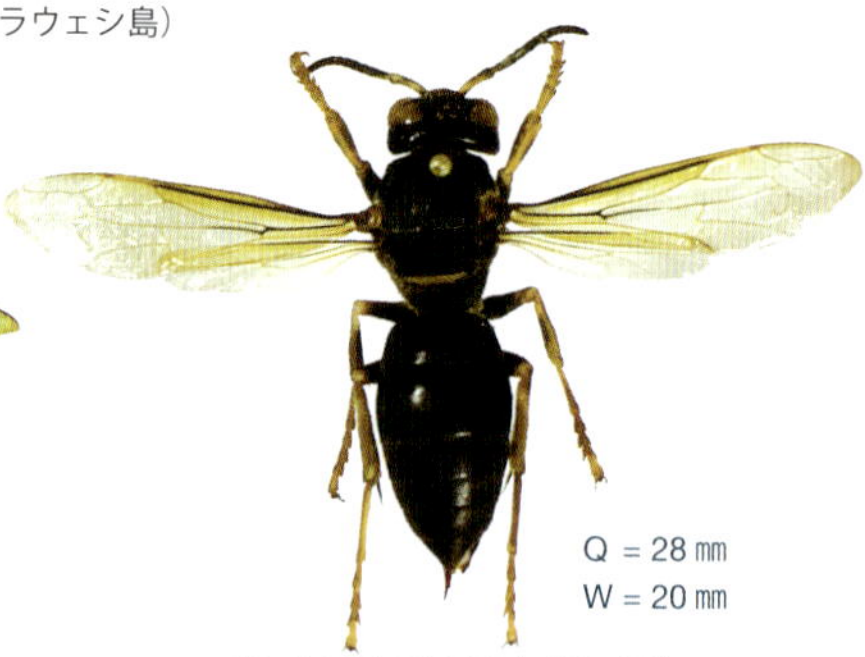

Q = 28 mm
W = 20 mm

12. シロスジスズメバチ（Q）
（フィリピン・タガイタイ）

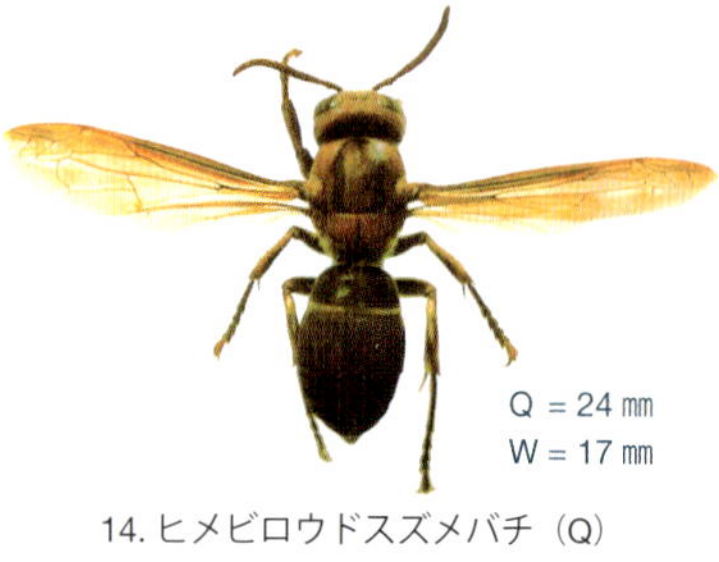

Q = 24 mm
W = 17 mm

14. ヒメビロウドスズメバチ（Q）
（タイ・チェンマイ）

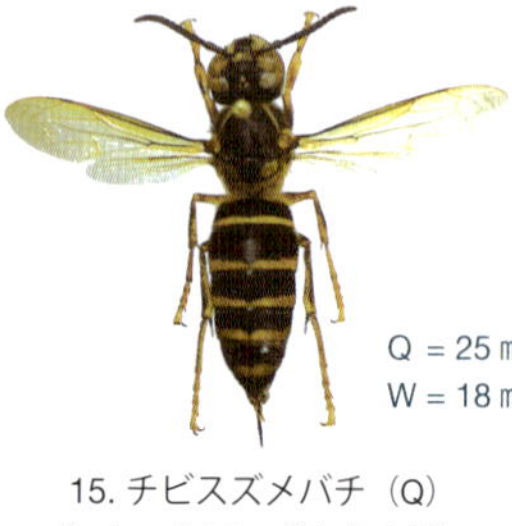

Q = 25 mm
W = 18 mm

15. チビスズメバチ（Q）
（マレーシア・ボルネオ島）

Q ＝29 ㎜
W ＝18 ㎜

16. オリエントスズメバチ（Q）
（インド・デリー郊外）

Q ＝不明
W ＝28 ㎜

17. フィリピンスズメバチ（W）
（フィリピン・レイテ島）

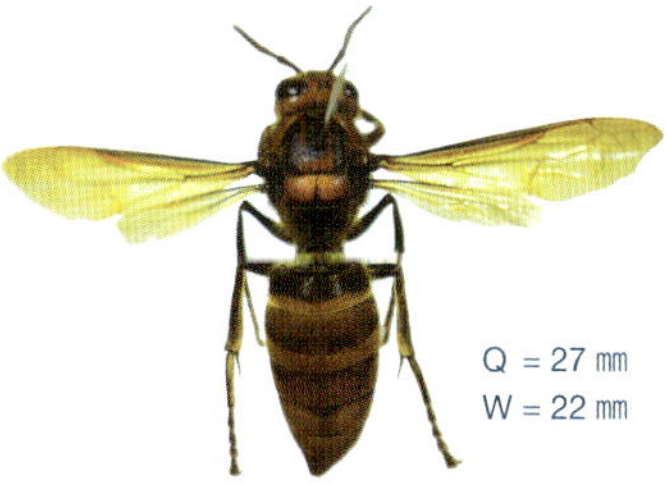

Q ＝27 ㎜
W ＝22 ㎜

18. ケブカスズメバチ（キイロスズメバチ）（Q）
（横浜市）

Q ＝43 ㎜
W ＝38 ㎜

19. ウンナンオオスズメバチ（Q）
（ベトナム・タムダオ）

Q ＝40 ㎜
W ＝28 ㎜

20. ネッタイヒメスズメバチ（Q）
（マレーシア・ボルネオ島ラナウ）

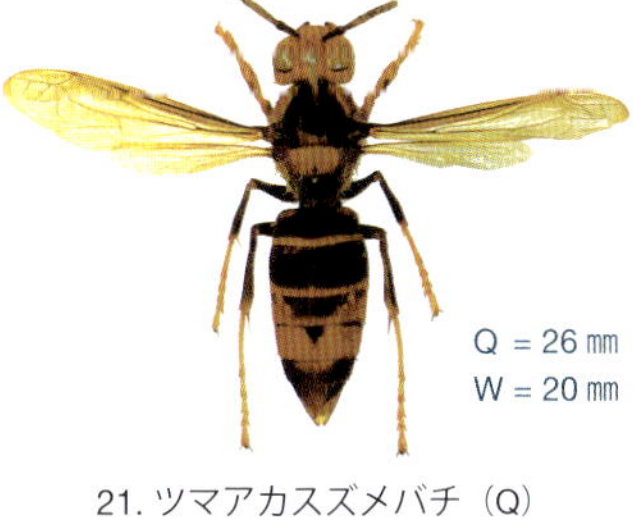

Q ＝26 ㎜
W ＝20 ㎜

21. ツマアカスズメバチ（Q）
（対馬島）

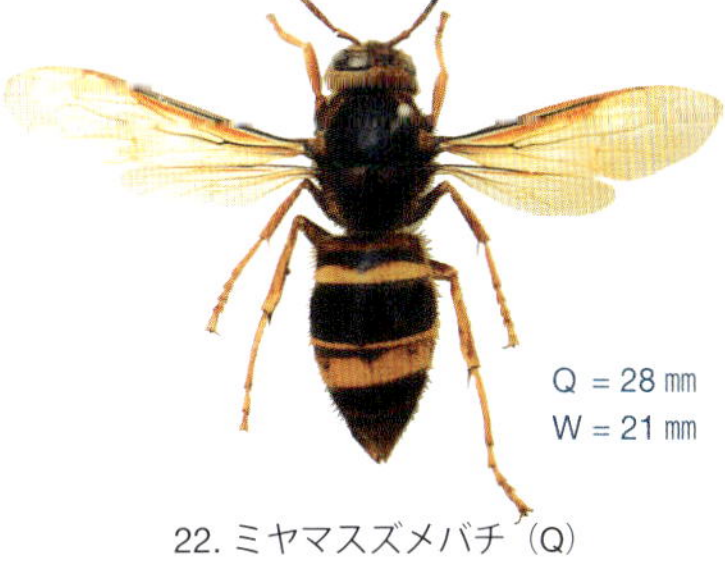

Q ＝28 ㎜
W ＝21 ㎜

22. ミヤマスズメバチ（Q）
（中国・雲南省）

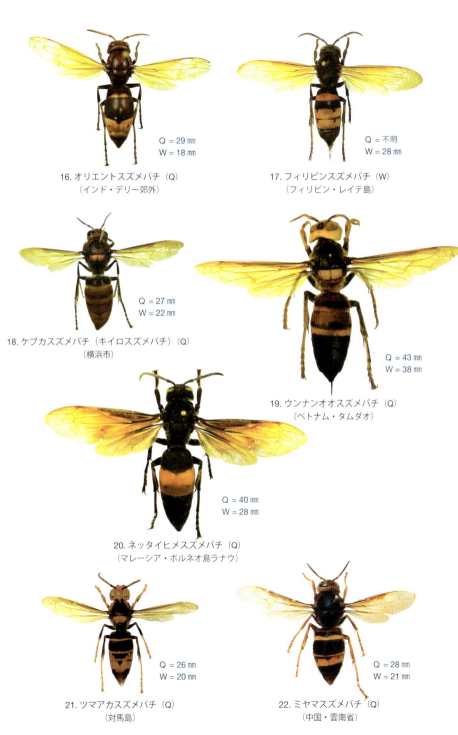

13. オオスズメバチ

［中国／ベトナム／対馬島／日本本土の比較］

中国（昆明郊外）（Q）

中国（昆明郊外）（Q）

ベトナム（タムダオ）（Q）

対馬島（Q）

日本（東京都）（Q）

日本（横浜市）（Q）

Q ＝ 45 ㎜
W ＝ 30 ㎜

スズメバチ属（学名 *Vespa*）22 種

1. ツマグロスズメバチ *V. affinis* 10 亜種
2. コガタスズメバチ *V. analis* 9 亜種
3. ビロウドスズメバチ *V. basalis*
4. ボルネオスズメバチ *V. bellicosa*
5. オウゴンスズメバチ *V. bicolor* 2 亜種
6. クラヤミスズメバチ *V. binghami* 2 亜種
7. モンスズメバチ *V. crabro* 9 亜種
8. ヒメスズメバチ *V. ducalis* 5 亜種
9. チャイロスズメバチ *V. dybowskii* 2 亜種
10. スラウェシスズメバチ *V. fervida*
11. ウンナンスズメバチ *V. fumida* 2 亜種
12. シロスジスズメバチ *V. luctuosa* 5 亜種
13. オオスズメバチ *V. mandarinia* 5 亜種
14. ヒメビロウドスズメバチ *V. mocsaryana*
15. チビスズメバチ *V. multimaculata* 2 亜種
16. オリエントスズメバチ *V. orientalis* 5 亜種
17. フィリピンスズメバチ *V. philippinensis*
18. ケブカスズメバチ *V. simillima*
 1 亜種（キイロスズメバチ）
19. ウンナンオオスズメバチ *V. soror*
20. ネッタイヒメスズメバチ *V. tropica* 8 亜種
21. ツマアカスズメバチ *V. velutina* 12 亜種以上
22. ミヤマスズメバチ *V. vivax* 2 亜種

＊亜種数には原亜種も含む。亜種名は省略した。

東南アジアのヤミスズメバチ属（学名 *Provespa*）3 種

1. ナミヤミスズメバチ *P. anomala*
2. タイリクヤミスズメバチ *P. barthelemyi*
3. オオヤミスズメバチ *P. noctrena*

＊スズメバチ類では、完全夜行性のヤミスズメバチ属 3 種が東南アジアに生息している。

［ヤミスズメバチ属］

1. ナミヤミスズメバチ（Q）
（ボルネオ島ケニンガウ）
Q = 22.5 ㎜
W = 16.5 ㎜

2. タイリクヤミスズメバチ（W）
（タイ・チェンマイ）
Q = 不明
W = 20.5 ㎜

3. オオヤミスズメバチ（Q）
（ボルネオ島クロッカーレンジ）
Q = 32 ㎜
W = 25 ㎜

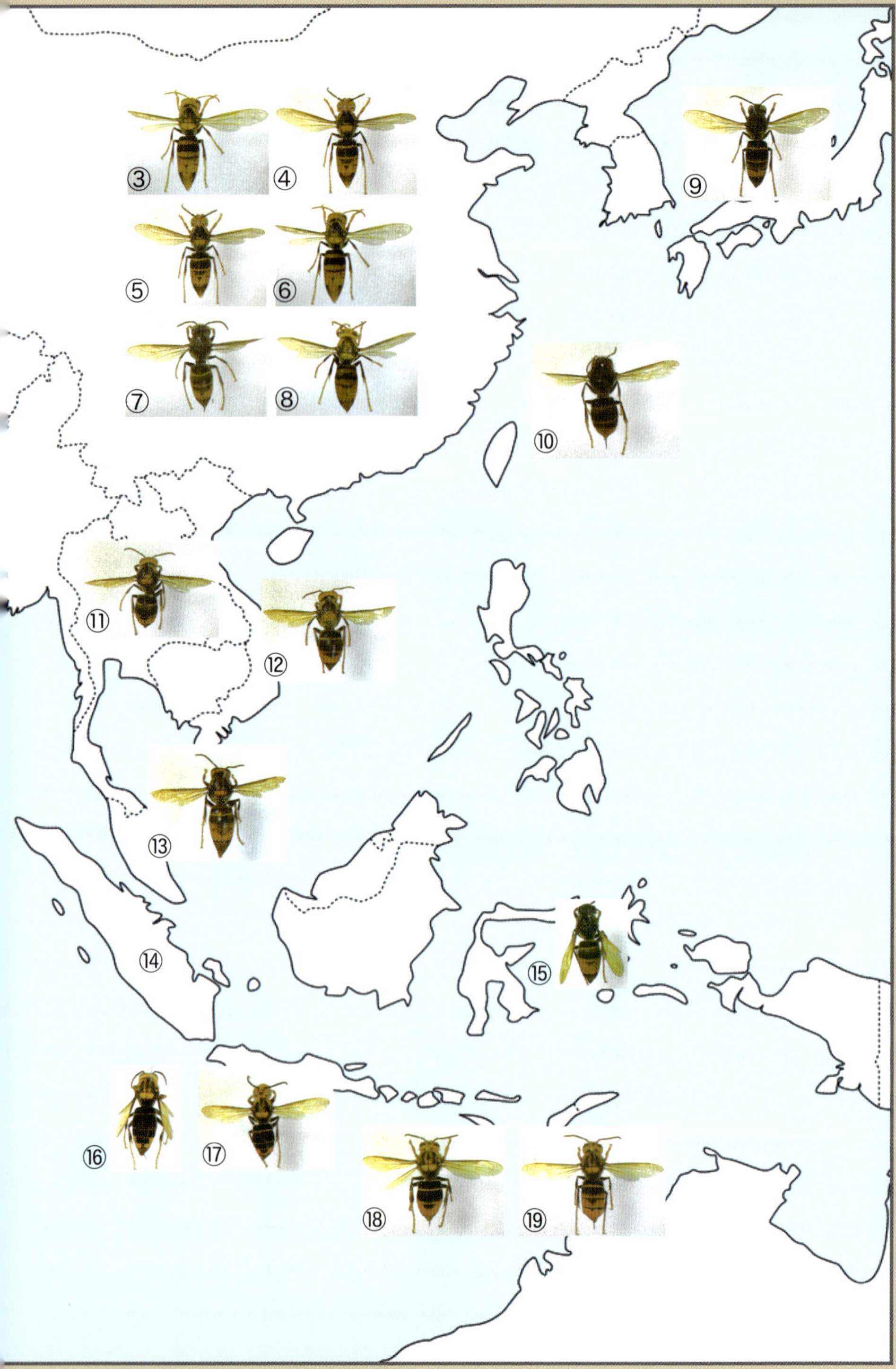
③
④
⑤
⑥
⑦
⑧
⑨
⑩
⑪
⑫
⑬
⑭
⑮
⑯
⑰
⑱
⑲

[ツマアカスズメバチの拡散]

①パキスタン
②インド
③〜⑧中国中南部
⑨対馬島
⑩台湾
⑪タイ
⑫ベトナム
⑬マレーシア（半島）
⑭インドネシア・スマトラ島
⑮インドネシア・スラウェシ島
⑯インドネシア・ジャワ島
⑰インドネシア・バリ島
⑱インドネシア・ロンボク島
⑲インドネシア・フローレス島

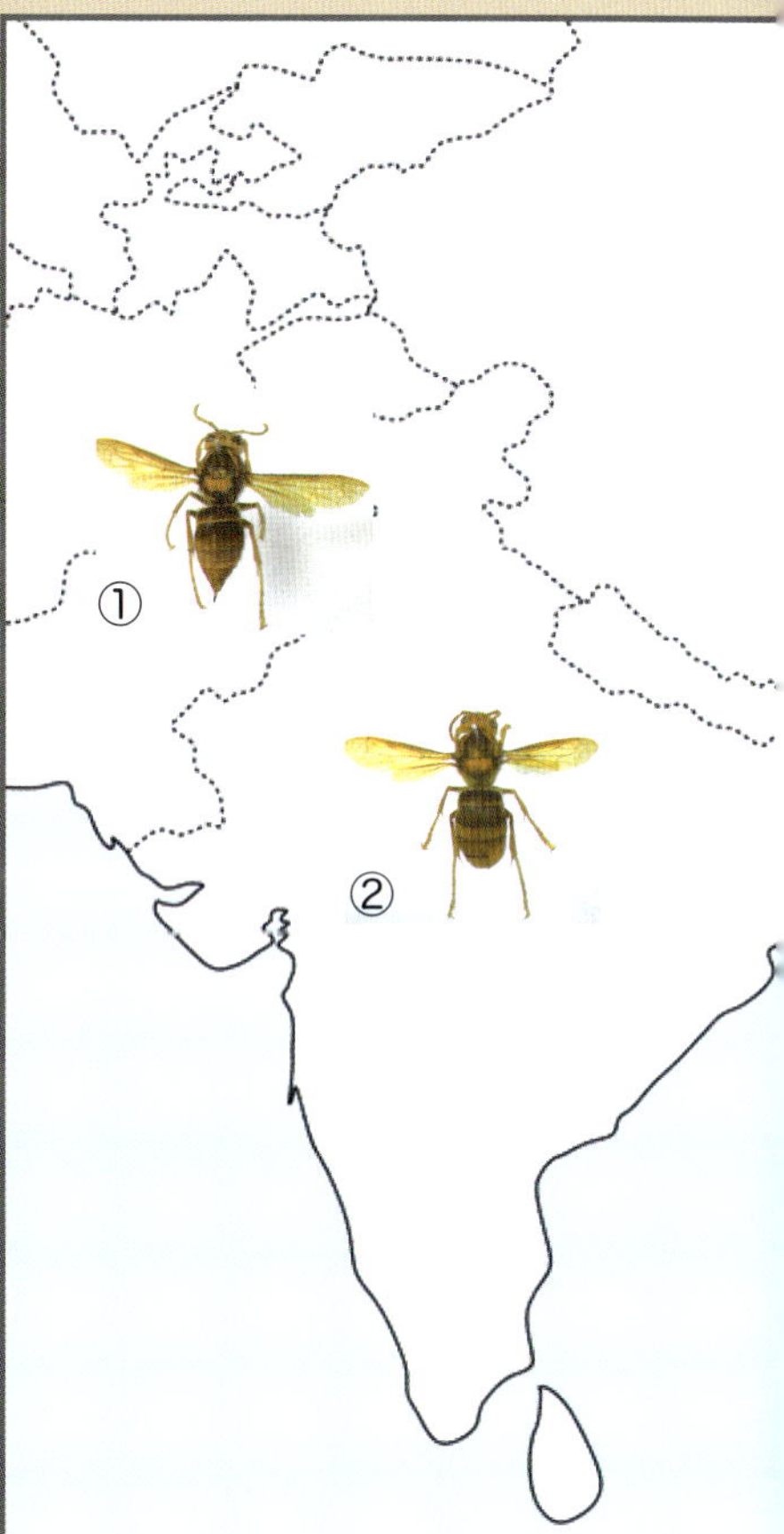

ツマアカスズメバチの狩り

ツマアカスズメバチの巣内（中国・雲南省）

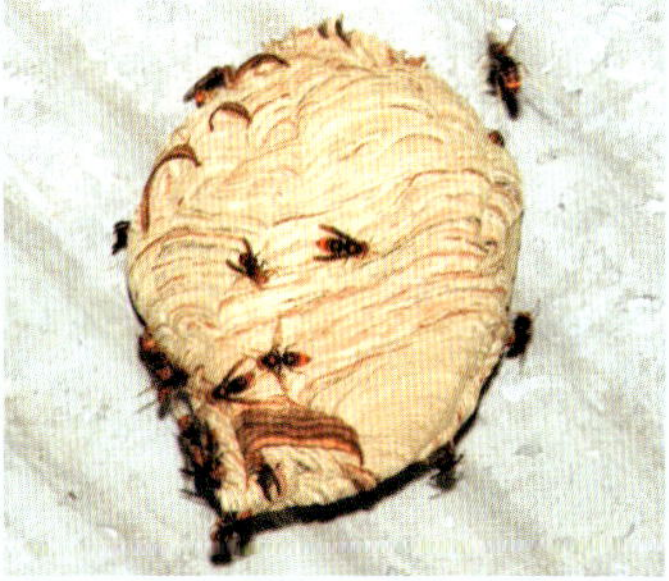

ツマアカスズメバチの巣（インド）

ツマアカスズメバチはアジア広域に生息域をもっています。中国では3亜種以上が確認されていますが、近年、ヨーロッパ・韓国・日本にも侵入しています。

[4] 世界のスズメバチに会いに行く

★カラー77～85頁も参照

今から二〇年余り前、石垣島や西表島に調査に行く機会に恵まれました。そこで初めてツマグロスズメバチが飛んでいるのを見たのです。それまでの私の認識では、危険を色で表したような黄色と黒の縞模様の腹部をもつのがスズメバチでした。ところが、石垣島で前方の足元を飛んでいたツマグロスズメバチは頭部と胸が茶色で腹部が鮮やかな黄色と黒といういで立ちです。こんな色のスズメバチがいるんだ！　そのときの驚きは、大変なものでした。

ずっと都市部のスズメバチを追いかけてきましたが、井の中の蛙ではないかと思うようになりました。石垣島と西表島などの亜熱帯・八重山地方だけに生息しているツマグロスズメバチを見たときから、海外のスズメバチに強く惹かれるようになったのです。

このとき訪れたのは、八月中旬の石垣島でした。滞在の最終日に海岸に出る道を行く途中でハチが林の中に吸い込まれていくのを私は見逃しませんでした。小玉のスイカほどの巣が地上三〇㎝のところについていました。十分な装備があったわけではないし、残り少ない時間でしたが、慎重にハチごと巣を採集しました。貴重な巣を採集できた喜びは言葉にならないほどでした。

数年後の十月下旬に石垣島と西表島に再び調査に出かけました。両島では市街地でも、ツマグロスズメバチの巣をいくつも見つけることができました。特に営巣場所がほとんど低い所で見つかり、採集も比較的簡単でした。レンタカーを借りて巣のありそうなところを回りました。本土ではもうコロニーは終息する時期ですが、まだ盛んに出入りしていました。また、ヒメスズメバチの亜種であるヤエヤマヒメスズメバチも見られましたが、淡い色彩のヒメスズメバチでした。

亜熱帯の明るく強い陽射しと豊かな自然は、確かに宝箱を開けたようで、以後の調査の方向を決定づけることになったのです。

◎スズメバチはどこから来た？［中国はスズメバチの宝庫］

スズメバチ（*Vespa* 属）は地球上のどこに分布しているか。私は、一九九四年から毎年海外にスズメバチの調査に出掛けました。きっかけは、亜熱帯域の石垣島で見たツマグロスズメバチ。それまで見てきた黒と黄色のストライプ模様を基本とするスズメバチとは違い、まさにトロピカルカラーのスズメバチでした。熱帯域のスズメバチは、オレンジと黒のカラーパターンとなっていき、ますます好奇心をそそられました。

スズメバチ属は、中国南部から東南アジア、東アジア、南アジアを中心に分布し、一部はユーラシア大陸の中東、ヨーロッパそしてアフリカの北部に分布しています。アメリカ東部（モンスズメバチ）やマダガスカル島（オリエントスズメバチ）には人為的に持ち込まれた種類もあります。

スズメバチは、中国南部が最も種類が多く、そこから放射状に遠ざかるにつれ種数が減少していきます。二回にわたる調査では中国南部で一五種類を確認することができました。中国の中北部と西部を含めると一七種類が生息していることになります。中国以外では、インド一三種、台湾一一種（侵入二含む）、スマトラ島八種、朝鮮半島八種（侵入一含む）、日本八種（侵入一含む）となります。意外にも種数が少ないのは、フィリピン四種、ボルネオ島四種、ニューギニア島二種などです。

・生息域の広い種：モンスズメバチ
中国には独特の波模様がない数亜種も生息
日本、朝鮮半島、中国、ロシア南部、ヨーロッパ、アメリカ合衆国東部（人為的に導入）にまで広く分布

・二十一世紀に生息域が広がる：ツマアカスズメバチ
もともとは亜熱帯から熱帯の海抜七〇〇～八〇〇mの丘陵地から山岳地帯に生息
中国、東南アジア、台湾、インド、スンダ列島、ニューギニア、パキスタン、韓国（人為的に導入）、ヨーロッパ（人為的に導入）、日本（侵入）

・乾燥地帯に適応する：オリエントスズメバチ
中国（新疆）、インド、中東、アフリカ北部、南ヨーロッパ、マダガスカル（人為的に導入）、メキシコ（人為的に導入）

・亜寒帯の低地から熱帯に生息：コガタスズメバチ
日本、朝鮮半島、中国、台湾、東南アジア、インド

・亜熱帯の低地から熱帯の低地に生息：ツマグロスズメバチ
コガタスズメバチとは東南アジアで競合関係にある
日本（八重山諸島）、台湾、中国南東部、東南アジア、インド

・亜寒帯から亜熱帯に生息：オオスズメバチ

世界最大種で中国には三亜種も
日本、台湾、朝鮮半島、中国、東南アジア北部、インド北部

・亜寒帯から温帯に生息：ケブカスズメバチ（日本の本州以南には亜種のキイロスズメバチが生息）
日本では最も成功した種であるが意外に生息域は広くない
日本、朝鮮半島、中国東北部、サハリン、カナダ（人為的に導入）

・温帯から亜熱帯に生息：ヒメスズメバチ
対馬島と八重山諸島に別亜種が
日本（対馬島、八重山諸島）、朝鮮半島、中国東南部、台湾

・亜熱帯から熱帯に生息：ネッタイヒメスズメバチ
オオスズメバチに引けを取らない獰猛さ
中国南部、東南アジア、インド、ネパール、スリランカ

・熱帯に生息：チビスズメバチ
マレー半島、スマトラ島、ボルネオ島

・中国南部の亜熱帯、東南アジア北部を中心に生息：オウゴンスズメバチ、ヒメビロウドスズメバチ

・限られた島嶼に生息：ボルネオスズメバチ（ボルネオ島など）、スラウェシスズメバチ（スラウェシ島）、シロスジスズメバチ（ルソン島、ミンダナオ島など）、フィリピンスズメバチ（ルソン島、ミンダナオ島など）

[生態が特徴的な種]

・夜行性：クラヤミスズメバチ
中国南部、タイなど東南アジア北部、沿海州から朝鮮半島北部、サハリン

・乗っ取り①：チャイロスズメバチ
モンスズメバチ、キイロスズメバチの巣を乗っ取る。日本、東シベリア、中国東北〜東南部、朝鮮半島、台湾

・乗っ取り②：ビロウドスズメバチ
ツマアカスズメバチ、オウゴンスズメバチなどの巣を乗っ取り、獰猛である。中国東南部、インド北部、タイ北部、台湾

◎海外で初めて出会ったのはツマアカスズメバチ　台湾・烏来／埔里

海外に調査に出て、初めて出会ったのがツマアカスズメバチでした。台北からそう遠くない烏来《ウーライ》という山間の観光地です。目当ての場所ではスズメバチに出会えず、戻る途中に工事中のビルの三階のベランダ下にキイロスズメバチとはちょっと違う外被模様の巣がついているのを見つけました。巣があるため工事を中断しているとのことで、採らせてもらいました。このとき、足元の小さな隙間を狙われて、くるぶしを刺されてしまいました。

台湾中部の埔里《ホリ》では、農家に入る道の土手の穴にハチが出入りしていたので、帰らなければならない時間が迫っていましたが、お願いして巣を掘り出しました。タイワンヒメスズメバチでした。タクシーを待ってもらい粘って探索した末の、非常に嬉しい成果でした。

◎思わぬ酒の副産物：ウンナンスズメバチ他一三種も　中国・雲南省昆明

二〇一〇年の日本は、九月に入ってもしばらくは猛暑が続き、それがあたりまえのような感覚になっていました。中国雲南省の昆明市には北京経由で入りました。九月二日～六日の短期間でしたが昆明と近郊、宣良、呈貢の市場を中心に調査しました。これらの地方は、沖縄県の宮古島とほぼ同緯度ですが、標高は一九〇〇mの高地です。「春城」とも呼ばれ、年間を通じて暖かく穏やかで、とても過ごしやすい気候でした。スズメバチシーズンなので、市場にはキノコや野菜などの季節物や様々な食材と一緒に人ズメバチの巣や羽化したてのハチを漬けた蒸留酒が大量に販売されていました。調査は、昆明市内および郊外の木水花市場、和平村市場、華昌路市場、竜翔町、呈貢市の呈貢農業市場、宣良市の農業貿易自由市場で行いました。市場は、土曜と日曜を中心に開かれます。生きた幼虫と蛹が詰まった巣は大型種のウンナンオオスズメバチやオオスズメバチ（直径五〇～六〇㎝、巣盤数五～六段）、中型種のツマアカスズメバチ、オウゴンスズメバチやコガタスズメバチの巣も確認することができました。

羽化したての成虫は、その場でコーリャン、トウモロコシなどからつくった蒸留酒の入ったペットボトルにピンセットで入れられ、巣と共に販売していました。市場の中では、採り残した羽化後のスズメバチが何匹も飛び交っているのが普通に見られましたが、彼女たちは帰巣本能によって戻ろうとします。しかし、巣は販売されているため置かれる場所が、絶えず入れ替わっており、違う種類の巣に潜り込む個体も見かけました。

お酒の種類やボトルの大きさで値段が決まります。郊外では、スズメバチ（エキス）と漢方薬（朝鮮人参など）を入れて高級酒が製造されていました。政府高官が海外の要人に贈るという特製のスズメバチ酒をお土産にいただきました。

この調査で巣は六種類（と数亜種）、ハチ入り酒の中の個体は一二種類（オオスズメバチ、ウンナンオオスズメバチ、ツマアカスズメバチ、ウンナンスズメバチ、ツマグロスズメバチ、クラヤミスズメバチ、ビロウドスズメバチ、コガタスズメバチ、モンスズメバチ、オウゴンスズメバチ、ヒメビロウドスズメバチ、チャイロスズメバチ、ミヤマスズメバチ）、それに、スズメバチ属ではありませんがタイリクヤミスズメバチが判明しました。これにより、中国南部・雲南地方はスズメバチの発祥の地にふさわしく、種類数が多く、生息密度も高いことが証明されました。

◎スズメバチらしからぬ上品な色：オウゴンスズメバチ　ベトナム・タムダオ

ベトナム北部のハノイから八〇㎞北西にあるタムダオ高原は、フランス植民地時代の避暑地だったこともあり、さわやかでどことなくあか抜けた雰囲気が漂っていました。到着したとき、幸運にも滞在するホテルにツマアカスズメバチの巣がありました。

タムダオを散策していると、空き地に咲くウリ科の地味な花に数種類のスズメバチが蜜を求めて訪花していました。ツマアカスズメバチが多数を占めていましたが、ネッタイヒメスズメバチ、ツマグロスズメバチも訪れていました。なかでも私の目を引いたのは、上品な薄い灰緑色のハチでした。スズメバチというと黄色と黒のストライプ模様が頭に浮かびます。本当にスズメバチなのか？　網に入れてよく観察するとスズメバチであることが確信できました。そのときは、小さいことから、スズメバチ属とは異なるクロスズメバチやホオナガスズメバチの一種かもしれないと考えました。飛んでいく方向は小高い山でした。

それから一二年後、昆明の市場でその亜種に出会うことになりました。オウゴンスズメバチです。ベトナムの同種に比べて、昆明のものははっきりと黄金色をしていました。

世界にはスズメバチが二二種いますが、「美しいスズメバチ　ベスト三」を挙げるとすれば、このベトナムのオウゴンスズメバチ、インドのオリエントスズメバチ、八重山のツマグロスズメバナの三種だと思います。

ベトナムでは、初めて見たオウゴンスズメバチのほか、樹液に来ていたウンナンオオスズメバチ、ホーチミン廟の裏やハノイ郊外でツマグロスズメバチの巣も採集しました。

◎四〇m離れた物陰で刺される：ツマアカスズメバチ　タイ・チェンマイ

チェンマイ大学の生物資源学部に着いたとき、建物を見上げるとツマアカスズメバチの大きな巣があるのが目に入りました。「タコの口」のように突き出た巣口は、出たり入ったりするハチで大賑わいです。外被上にも巣の増築のため多数のハチが働いていました。早速、ハシゴを借りて巣を採ることになりました。働きバチの数が相当いそうなので大学の先生たちには、四〇mほど離れた物陰で待ってもらいました。巣口に近づくと、すぐさま怒ったハチの一部があたりを飛び回りました。そのときです。遠くから悲鳴が聞こえました。サオワパ・ソンシチャイ先生が指先と頭部を刺されてしまったのです。すぐに病院に直行して事なきを得ましたが、それにしても、こうした攻撃性はキイロスズメバチとよく似ていました。

タイ・チェンマイ市の大きな市場には三回行きましたが、一軒だけが巣盤ごと蒸した状態でウンナンオオスズメバチの巣を販売していました。店主は山岳民族の方で遠くから持ってきているとのことでした。現地の食料としては巣盤四分の一くらいで八〇〇バーツ（約二四〇〇円）と現地の生活からするとかなり高価な値で売られていました。食習慣としては中国・雲南地方ほど一般化してはいないようです。ホテルのオーナー婦人が帰り際に、蒸した蛹を山岳民族の人からもらってきたと、私に渡してくれました。のちに調べるとビロウドスズメバチの女王バチでした。

◎初めて巣を確認：ヒメビロウドスズメバチ　タイ・チェンマイ

チェンマイ大学は、マレーシアのサバ大学とともに広大な敷地をもっています。ただ、樹木が多いのはチェンマイ大学です。構内での探索だけでツマアカスズメバチ、ツマグロスズメバチを中心に六つの巣が見つかりました。二度目に行ったときも四つ見つかるほど自然環境も良好です。校舎間の渡り廊下を歩いていたとき、天井にまだソフトボールくらいの巣がありました。一目で、移住して間もない巣だと分かりました。出入りしているハチを見ると、体は小さいが狂暴な生態で知られている全身こげ茶色のビロウドスズメバチのようです。反撃を警戒しながら、網で一網打尽にしました。たまたま、郊外の村はずれの茂みにあるという情報で採集した巣も同種でした。戻ってから、鹿児島大学の山根正気先生に同定をお願いしたところ、ヒメビロウドスズメバチだと分かりました。しかも、タイで巣が確認されたのは初めてだということで、とても運がよかったと思います。

他にも郊外に行ったとき、建物の玄関に全身茶色の大きなスズメバチが横たわっていました。これもあとで分かったのですが、スズメバチ属では、唯一夜行性のクラヤミスズメバチでした。また、斜面の開けたところで待っていると、お前は誰だというように時々私の周りを素早く旋回するライトブラウンのスズメバチが出迎えてくれました。コガタスズメバチの亜種でした。結構頻繁に飛んでいたことから、巣は近くにあると考えられましたが、急な斜面の下なのであきらめました。

◎市場の豚肉を餌に：ツマグロスズメバチ　ラオス・パクサン

地方の市場では、飛び回るハエなどを狙ってスズメバチが集まってきます。多くは、ツマアカスズメバチとツマグロスズメバチです。ラオス・パクサンの市場では、ネズミなども食用として売られていました。豚肉なども大きなブロックで売っていました。そこにきていたのがツマグロスズメバチで、ハエには目もくれず、豚肉を肉団子にして飛び去って行きました。私が網で採ると番をしていた少女が不思議そうに見ていました。大きなコイ科の魚にはツマアカスズメバチが来ていました。

◎メコン川を渡って：水牛も倒すウンナンオオスズメバチ　ラオス・パクサン

スコールの止んだ後、メコン川の支流を村の手漕ぎの小舟でゆっくりと対岸に渡ります。流れが速く、水量が多い川をしばらく進んで対岸の村に着きました。

早速、森に沿って歩いていくと村の若者や子どもも合流しました。地元の方に案内されて森の中へ少し入り、一〇mほど先の指さす場所に目をやると、直径一〇㎝くらいの穴から大きなハチが出入りするのが分かりました。

巣はジャングルの地中にありました。海外に調査に行くときは、防護服は持たずフードつきのアノラックと面布、皮の手袋で立ち向かいます。このウンナンオオスズメバチは、日本のヒメスズメバチによく似ていたので、これなら問題なく取れそうだと思い込み、巣の入口をふさいで、戻るハチを次々と捕えにかかりました。

その時点ではウンナンオオスズメバチと分からず、腹部の先端が黒いので台湾で出会ったヒメスズメバチの一種だと思い込んで、巣の採集に取り掛かりました。しかし、巣口が大きくて塞ぐのもうまくいきません。国内での採集の場合は、必要があれば薬品をかがせながら掘っていくのですが、戻ってくるハチも多く、とても手間取りました。一瞬でしたが、怒ったハチにはめていた皮のグローブの上から手の甲を刺されました。

大きな巣盤を四つまで掘り上げましたが、地中の空洞は思いがけず深く、二段くらいは下に落ちて採れませんでした。よく観察すると、巣盤の形や餌を肉団子にして加えて戻ってきたことから、正体が分かりました。現地では、水牛をも倒すと恐れられているウンナンオオスズメバチだったのです。巣盤の直径は七〇cm。大きなポリ袋に収納した巣は重く、現地の人に運んでもらいました。

◎峠からも見ることができた巨大巣：ツマアカスズメバチ
マレーシア・キャメロンハイランド

マレーシアのキャメロンハイランドは、日本の軽井沢にもたとえられる海抜一五〇〇mほどの高原の保養地です。近年はリタイア組を中心に日本人に人気があります。また、多くの珍しい昆虫に出会えるスポットとしても知られています。その中腹に紅茶の栽培地があり、茶畑の周辺ボーロードと呼ばれているところにはところどころ熱帯の巨木が残っています。周辺を巡って驚いたのは、木の高いところに睥睨《へいげい》するかのように大きなスズメバチの巣があちこちで営巣していたことでした。それらは、すべてツマアカスズメバチの巣です。ツアーのミニバスも見学していくほどの巨大巣もありました。巣の周りの個体の大きさから推定する

峠からも見えるツマアカスズメバチの巨大な巣

と、幅一・六m、高さ二・三mというとてつもない大きさです。巣ごと採集したかったのですが、地上五mくらいのところにあり、残念ながら高所作業車でもない限り採ることはできませんでした。

このとき観察した巣は、これまでに見たどの巣よりも大きいもので、峠の上からもはっきりと見えるほどでした。幸い茶畑の周りのブッシュにあった巣は、手の届く低木に営巣していたので採集することができました。この巣も幅〇・五m、高さ一・三mで、育室数が一万八〇〇〇室を超える大きさでした。採集し終えるのに二時間かかりましたが、巣は半分に切ってやっと運び出すことができました。

◎奇妙な形の巣・見事な形の巣：ツマアカスズメバチ

マレーシア・キャメロンハイランド

ツマアカスズメバチは、日本に生息するキイロスズメバチと似ていて、食性に偏りが少なく、コロニー引越しの習性もあります。写真のように開放空間に営巣しますが、何とも形容しがたい形の巣が多く見られる一方、芸術品と呼べるような見事な巣もあります。普通、巣が増築される際、障害物があると歪んだ形になります。しかし、マレーシアで見たいくつもの巣は周りに遮るものがありません。巣が巨大化するので重量を支える役割をしているのかも

変形しながら大きく成長するツマアカスズメバチの巣（中央）。木の枝に布がぶら下がっているように見える。

しれませんが、不思議としか言いようがありません。

◎ホテルの玄関：ベールを脱ぐかヤミスズメバチ

マレーシア・キャメロンハイランド／ボーロード

東南アジアでのスズメバチの調査では、短期間で一匹でも、一巣でも多くスズメバチに出会いたいとの思いがあります。なかでも、ヤミスズメバチは完全な夜行性へと生きる道を選択した珍しいスズメバチです。暗闇なのでハチを追いかけて巣を見つけることはできませんし、日本でのようにポイントを絞って見つけることもなかなかできるものではありません。地形などよく分からない海外でやみくもに探索しても迷子になるだけです。

夜行性の昆虫を採集するには、白い布を張ってライトを照らすライトトラップを仕掛けたり、街灯などの下などで採集したりするのが一般的です。ただ、社会性昆虫であるスズメバチは個体の採集とともに、巣を見つけてコロニーを採集しないと意味がないところもあります。

初めてヤミスズメバチに出会ったのは、マレーシア・キャメロンハイランドのホテルのエントランスでした。灯りを見上げましたが飛んでいる様子はなく、ちょっと気落ちして下に目をやったとき、ヤミスズメバチの死骸が転がっていたのです。思わずティッシュにくるんでバックの中に入れました。同時に、ここには必ず、ヤミスズメバチがいることを確信しました。

滞在中、日没後と夜明け前にホテルの階段や灯りのあるところを何度も何度も往復して、初めて個体を七匹採集することができました。翌年手術することになる腰の痛みをこらえての調査でした。このときは、ヤミスズメバチは、まだ闇の中でした。

◎分封か女王単独の営巣開始か：ナミヤミスズメバチ

マレーシア・ボルネオ島ラナウ郊外

初めてナミヤミスズメバチの巣を採集したのは、マレーシア・サバ州ラナウ郊外のちょっとした茂みの中でした。こうした営巣場所は、よほど現地の情報に精通しないと見つけられるものではありません。しかも、巣の外被の色などカモフラージュされて見分けがつきません。綿で巣口を塞ぐとき、感激で指先が震えたのを覚えています。ヤミスズメバチは分封《ぶんぽう》（新女王の羽化に伴い、元の女王バチが巣を譲って働きバチの一部とともに新しい巣を作ること）を繁殖の方式とすると考えられていますが、この巣は三六匹の小さなコロニーで、働きバチが同種でも小粒の個体ばかりだったので、女王が単独で創設したコロニーの可能性も十分あると思っています。

その後の四回の調査で、ケニンガウなどから八つの巣を採集することができました。これも現地の森や地形を熟知した方々の協力なくしては実現しませんでした。

◎熱帯での生き残り戦略　マレーシア・ボルネオ島ケニンガウ

熱帯では、スズメバチの天敵のアリとスコール、高温への対策なしに生息していくことは不可能です。分かりやすい例をあげれば、写真のとんがり帽子のような外形は温帯のスズメバチにはないものです。この形はスコールによる急激な大量の雨水をできるだけ流しやすくするものと考えられます。また、新しく巣をつくるとき、一匹の女王で巣づくり、狩り、産卵の全てを行うことは天敵からの妨害のリスクが大きく、アリの絶対量が多い熱帯で巣を守り抜くことは、相当な困難が伴います。そこで、天敵アリに対抗するため、多女王バチによる新巣の創設が必要となります。ラナウなどで採集したツマグロスズメバチの巣の三五%はコロニーが二〇〇匹を超えても三~五匹の女土が同居していました。

私は、もう一つの生き残り戦略にコロニーの引越しがあると考えています。比較的高所の巣のうち、引越し特有の外被が形成されているものを沢山観察してきました。

さらに興味深かったのは、二〇一〇年の三月の午後、巣の探索のため、見通しのいい牧場を横切っていたときのことです。ふと上を見上げると上

先が尖った形の巣

空二〇mほどのところを黒いつぶつぶの集団が一定の方向に移動していきます。両翼の感じ、大きさなどから鳥の群れではなさそうです。まさかと思いましたが、やはりスズメバチの群れでした。三〇匹から五〇匹の四つの群れに分かれて上空を横切り、奥の森の方に消えていきました。今まで見てきたキイロスズメバチのコロニーの引越しとは明らかに違います。もしかしたら、分封もあるのかもしれないと思わせるものでもありました。

熱帯の環境で生き抜くためには、多女王による新巣の創設や、コロニーの引越しといった、二重三重に防衛をする必要があるのかもしれません。いつかこれらの謎が解明されることを願っています。

◎ヤシの根元に天井裏に　マレーシア・ボルネオ島ケニンガウ

ボルネオ島では、ツマグロスズメバチと共にネッタイヒメスズメバチが一般的に出会うスズメバチです。ネッタイヒメスズメバチは、大きさもオオスズメバチ並みですが、巣の防衛力も半端でなく、採集する際に手を焼きます。ヤシの木の根っこの下の空洞や地中、人家の一階と二階の間などで見られました。営巣規模も大きく、人家の時には直径八〇㎝、巣盤三段の巣で天井の板を何枚かはがしました。相当数のハチを捕ったあと、油断したすきに刺されたこともあります。あまりの攻撃の強さに巣の取り出しを断念したこともありました。

このネッタイヒメスズメバチですが、ラオスやタイ北部で三つの巣を採集したところ、どれもコロニーはそれほど大きくなく、獰猛さも感じませんでした。

◎レスキュー隊も出動：市街地の巣　マレーシア・ボルネオ島ラナウ

現在、日本ではスズメバチの巣ができると、多くの家人は駆除業者に依頼するなどして安全を確保しようとしますが、なかには、駆除を必要としない場合も見受けられます。過敏になる背景には、一九八〇年代以降に都市部でスズメバチの多発生が繰り返され、メディアにより毎年のように危険性が叫ばれ、その結果、駆除要請が高まってきたという事情があります。

東南アジアではスズメバチに対してどのように接しているのでしょうか。タイやマレーシアなどの都会では、スズメバチの存在すら知らない人が結構います。ハチアレルギーについてもよく知りません。それでも虫の怖さは十分わかっているようで、郊外では巣ができるとその場所を避けて生活するか、焼き払うかの選択をします。

都会や地方の街なかでは、高所など届かない場所の巣は、要請があるとレスキュー隊が出動し、巣ごと焼き払います。調査中に何回か出くわしましたが、あるとき隊員がロープでしっかり梯子を固定した後、私に、登って樹上の大きな巣を採取してみてくれと言うので、自ら高い梯子に登って採集することになりました。

◎手痛い反撃、黒の恐怖：ネッタイヒメスズメバチ　フィリピン・タガイタイ

巣は切り株の中にあり、ハチが絶え間なく出入りしています。正体はネッタイヒメスズメバチの亜種です。ネッタイヒメスズメバチは多くの亜種で第一、二腹節が幅広いオレンジ色の帯となります。しかし、ほぼ全身黒で翅も濃い紫色です。飛んでいるときは、日光を反射してオレンジ色に見えます。ヒメなんて名前の一部についていると、なんとなくおしとやかなイメージを受けます。実際に日本など温帯にいるヒメスズメバチは、威嚇行動は発達していても刺すことはむしろ珍しいくらいです。ところが、亜熱帯や熱帯のオオスズメバチなどがいない地域では、刺されて一番ダメージを受けるのがこのネッタイヒメスズメバチでした。この巣を採ろうと奮闘するわけですが、熱帯の陽射しは容赦なく照りつけてきます。また、海外ですから、専用の「防護服」も使用せず、ウィンドブレーカーと面布、それにせいぜい一般的な殺虫スプレーで戦うことになります。およそ五〇〇匹の大きなコロニーで、持っていたスプレーはすぐに切れてしまいました。体力も消耗しきって、二〇ｍほど離れた林の向こうで一休みしました。現地の方がヤシの木に登って実を落としてくれたので、ジュースを飲むことで一息つきました。

ところがしばらくして、帽子を脱いだとたんに頭部を刺されてしまいました。さらに、そばに来た現地の子どもも巻き添えを食って刺されてしまいました。これが強烈な痛みで、ホテルに帰る車の中ではじっと我慢するしかありませんでした。結局、樹洞の入り口が狭くて、頑張りもむなしく巣を採ることは出来

ませんでした。

◎なぜ？スコールが降るのに巣の入口が上向き：シロスジスズメバチ

フィリピン・タガイタイ

このシロスジスズメバチの巣は、森の中のやや開けた場所で見つけることができました。興味深かったのは、巣盤上部で働きバチを育て二段目以降の巣盤では、女王バチ、オスバチが養われていました。まるで冬瓜を縦にしたような形の巣の入り口が、下唇を突き出したように上向きに開いているのです。入り口はやや横に長く、働きバチが何匹も並んで蓋の役目をしていました。おそらく、スコールの多い熱帯で雨水が侵入しないようにするためでしょう。しかし、なぜあえて上向きに開口しているのか大きな謎が残っています。

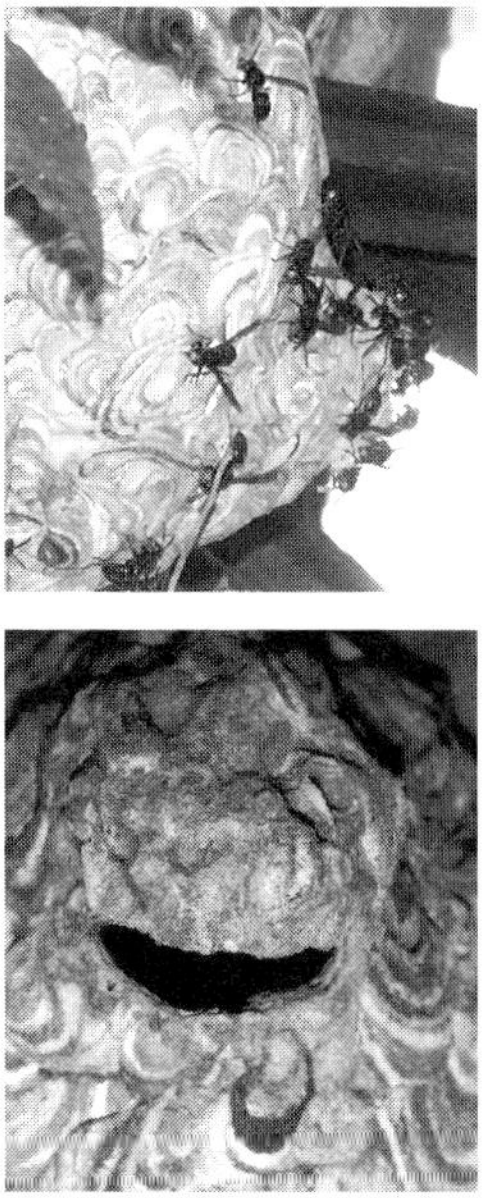

上に向いて開いたシロスジスズメバチの巣口

◎史跡の煉瓦塀の中に巣を発見：オリエントスズメバチ　インド・デリー郊外

六月、デリー郊外にあるクトゥブ・ミナールという文化遺産に隣接する公園でオリエントスズメバチの巣を見つけることができました。公園で、小さくてすばしこいハチが、ハエを追いかけているのに遭遇しました。公園の隅の古いレンガ塀に沿っていくと、塀の中に吸い込まれるハチ、出てくるハチが見つかりました。巣をつくっていたのは鮮やかな黄色い模様の美しいオリエントスズメバチです。その姿に「ヤッター！」の思いです。しかし、まさか、文化財に隣接する塀を壊すわけにはいかず巣を採ることは断念しました。

インド北部に移動中に、ランプールという田舎町の外れのホテルに泊まったときのことです。外を眺めていると、ホテルの前のビルの四階（壁はなく物置に使っている）にコロニーが引越しの途中と思われる巣を見つけました。近寄ってみるとミナミキイロスズメバチ（のちにツマアカスズメバチの亜種とされる）だと分かりました。

巣の大きさから、日本より季節が一カ月半ほど早いように思えました。他にも橋の下や高い木の枝などに四つほど巣がありましたが、残念ながらどれも高所で採ることは出来ませんでした。

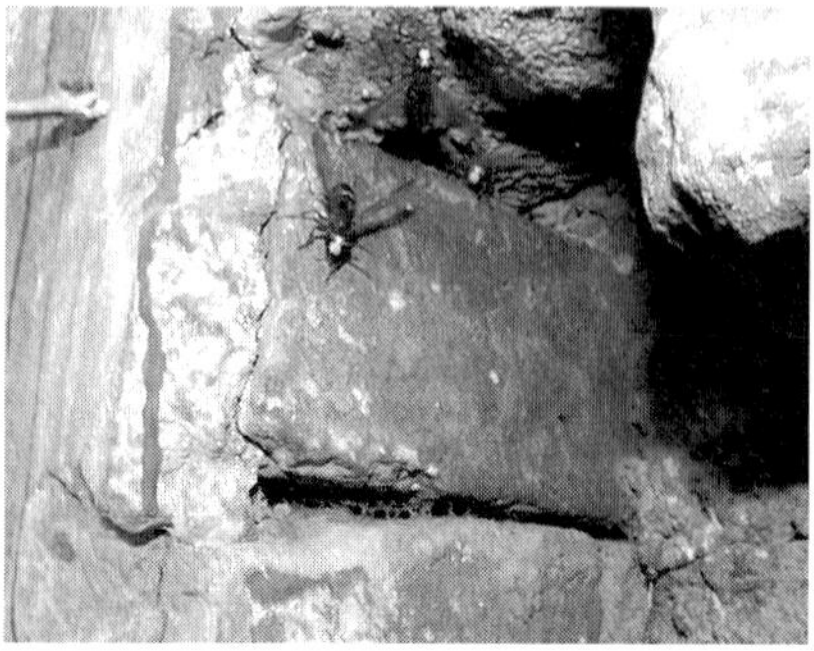

オリエントスズメバチの巣

◎絶景寺院の軒に巣が：キイロスズメバチ

韓国・済州島ハルラ山

朝鮮半島と済州島は、スズメバチの種類ではほぼ日本と重なります。ただ、亜種の数や侵入種もいるところからみると、日本よりやや種数が多いようです。

済州島にあるハルラ山は世界自然遺産に選ばれた絶景です。その中腹には歴史を感じさせる仏教寺院がいくつも点在しています。その周辺で四つのキイロスズメバチの巣を見つけることができました。いずれも寺院の建物で、採集はできませんでしたが。

ある寺院にはアジアミツバチの巣がありましたが、何匹ものキイロスズメバチに襲われていました。

翌年、五月中旬に再び訪れ、キイロスズメバチの女王バチを採集することができました。済州島のキイロスズメバチは、日本のものと異なるのが一目で分かり、胸部と腹部の斑紋の黄色い部分が多く、その黄色もレンガ色に近いので、「チェジュキイロスズメバチ」として、別亜種の扱いをした方がいいのではないかと考えられます。

ちなみに、朝鮮半島に近い対馬島のキイロスズメバチも同様に、オレンジがかった黄色の部分が多く、日本本土のキイロスズメバチとは一味違っています。

【5】特定外来種ツマアカスズメバチの侵入

★カラー 86 ～ 87 頁も参照

◎対馬に定着した？　壱岐島でも

ツマアカスズメバチは、二〇一四、一五年には、九州と韓国の間の対馬海峡に浮かぶ対馬島《つしま》で、生息域が全島に急速に広がり話題になりました。そして「本土」への侵入が心配されメディアも注目しました。二〇一六年、ついにこの心配が現実のものとなりました。福岡県北九州市で同種の巣が見つかり、宮崎県ではトラップに同種の女王バチがかかったのです。二〇一七年には、九州と対馬の中間に位置する壱岐島で複数のツマアカスズメバチの働きバチが見つかりました。巣は見つかっていないようですが確実に営巣していた証です。

たとえば、ヒアリの場合、二〇一七年にコンテナ貨物に紛れて海を渡り、尼崎、神戸、大阪、名古屋、東京、横浜で相次いで発見されました。大きな騒ぎとなり、しばらくは連日のようにメディアが取り上げました。それは、ヒアリが南米から侵入したアメリカ南部などで刺傷被害が大きかったからです。ヒアリは、ファイアアントとも呼ばれるように刺されると激痛が走り、巣を刺激すると地面伝いに多数のアリが襲います。

ヒアリは、コンテナの荷物などに紛れて拡散したようです。スズメバチも当初貨物船の荷物に紛れて侵入したと伝えられていました。コンテナや荷物の中に入って越冬すれば、当然、新しい地で営巣もするでしょう。ただ、スズメバチは女王バチが飛翔して新しい営巣場所を見つけることが基本になっています。

環境省はツマアカスズメバチを特定外来種に指定し、全面的な協力でさらなる広がりを防除する対策を立てています。

二〇一七年八月中旬、私は対馬に行ってツマアカスズメバチの調査を行い、対馬の昆虫を長年研究してきたアマチュアの昆虫研究家の相浦正信氏に会って話を伺いました。相浦氏によると、二〇一一年六月にすでにツマアカスズメバチの女王バチを島内で採集しています。

環境省は、対馬に侵入したツマアカスズメバチに対して全島的に防除対策を行っています。侵入が明らかになってから、対馬島内では数年の間にツマアカスズメバチは全島に生息域を広げていきました。メディアでも大々的に「凶暴な外来生物ツマアカスズメバチ猛威」として扱いました。しかしその後はトラップによる春の女王バチの捕獲作戦の効果もあってか、ひと頃のような猛威は振るっていません。

こうした防除の対策が実施されている一方で、残念なことに、ツマアカスズメバチだけでなく、対馬に生息している四種の在来種への影響が出ています。そして、二〇一七年度からはさらに、蛹になれない作用のある薬剤を肉に混ぜたものを置くことによって、同種の根絶を目指すプロジェクトも始まりました。

二〇一六年同様に一七年も、巣の駆除数は五〇個前後とやや少ないようです。対馬市役所の自然共生課によると、市民と共に春先にトラップを仕掛け、一万二〇〇〇匹ものツマアカスズメバチの女王バチを捕えたとしています。

二〇一四年から始められたトラップによるツマアカスズメバチの女王バチの大量捕獲が成果を上げてきているものの、ハチの発生のリズムの問題もあるため、まだ予断は許さないと私は慎重にとらえています。見た目にはトラップの効果が大きいのですが、それでも一七年の調査で、ツマアカスズメバチはまだ確実に生息していることが分かりました。一方で、キイロスズメバチはほとんど飛んでいませんでした。

今回私は、大陸の亜種とほぼ同じ斑紋のオオスズメバチ、オレンジがかった黄の色彩が鮮やかなキイロスズメバチ、世界でも対馬にだけしか生息しない腹部先端が黄色いヒメスズメバチ、それにツマアカスズメバチを採集しました。私は、これらはそれぞれ、別亜種の扱いをした方がいいのではないかと考えています。

モザイクのような生きものの秩序に新たに侵入してきたのがツマアカスズメバチです。人間が過度に介在すれば、絶滅につながりやすい固有種が多い対馬の生態系が崩れてしまうのではないかと、危惧せずにはいられません。

今回実際に調査してみて分かったことが多く、ツマアカスズメバチの侵入は船舶による可能性が高いとする意見が多数のようですが、五〇km先に韓国釜山が望める対馬の位置を考えると、分布域を広げるためにツマアカスズメバチが韓国から海を越えたのではないかと私は推察しています。もともと女王バチは越冬からあけると、巣づくりにいい環境を求めて数十kmから一〇〇kmは移動することを考えると、飛翔力がある同種には、五〇kmの海峡を偏西風に乗って渡ることは少しも難しいことではありません。

スズメバチは、繁殖期には、それぞれの巣で成熟したオスバチや新女王バチが順次巣立ち、交尾が続きます。結婚飛行の開始から終了までは一カ月ぐらいの間があり、巣によって時期がずれています。それらのすべてを駆除しない限り、交尾を済ませた新しい女王バチの巣立ちを食い止めることはできません。

対馬は山林が多く、入り江も深くて地形的にも人間が立ち入れない場所が多数あります。これらの条件を考えるとツマアカスズメバチを根絶することは大変難しいのではないかと思えます。

対馬を訪れたとき、カワウソが監視カメラに写り大きな話題となっていました。韓国から流れ着いたものか、もともと生息していたのか分かりませんが、沖縄のヤンバル地方に似た奥深い照葉樹林をもつ対馬なら、もしニホンカワウソが生き延びていたとしても不思議はないと感じました。

二〇一一年六月　女王バチ採集
二〇一二年秋　対馬北島の佐護で複数個体観察、捕獲。DNA一七カ所で中国のツマアカスズメバ

チ亜種と一致

二〇一三年八月　ニホンミツバチの巣へ飛来

九月　営巣を確認

二〇一三年　五六巣確認、内二四巣駆除

二〇一四年　一五〇巣確認、内一三四巣駆除

二〇一五年　二五九巣確認、内二〇七巣駆除

二〇一六年　四九巣確認、内四九巣駆除

二〇一七年　七八巣確認、内七一巣駆除

トラップ　二〇一六年　女王バチ一万二〇〇〇匹

◎生息域は飛び火する

二〇一六年に福岡県で同種の営巣が確認されました。また同年、宮崎県日南市ではトラップにツマアカスズメバチの女王バチがかかりました。その後の調査でトラップにかかった女王は対馬のものとは別系統と分かりました。

二〇一七年には壱岐島で複数の働きバチが採集されました。このことから、少なくとも巣づくりが行われたと確信されます。生息域の拡散は、地上移動する種類では同心円的に順々に広がるケースが見られますが、スズメバチの場合、女王バチが春先に越冬から目覚めて営巣場所を決めるまでに、生息密度の調整が行われると見られ、数十km、数百kmと移動すると考えられます。

壱岐島は、対馬島とはおよそ五〇km離れています。韓国、対馬のいずれから入ったものかは不明です。その後、二〇一八年に大分市（営巣）、一九年に山口県防府市（営巣）、二二年に福岡市久山町および東区（女王バチ）など、九州、山陽地方でツマアカスズメバチが確認されました。対馬島ではトラップをかけるなど防除してきたため減少傾向にありますが、二〇二〇年ごろから対馬の中部、南部への分布拡大も見られ「不気味」であると、『長崎新聞』は警鐘を鳴らしています。

◎ツマアカスズメバチの特徴

私は、一九九四〜二〇一四年の間に、台湾、フィリピン、ベトナム、ラオス、ミャンマー、タイ北部、マレーシア（半島、ボルネオ島）、インドネシア、インド北部、中国南部、韓国（済州島）でスズメバチの調査を行ってきました。そして、スズメバチ属八八巣、ヤミスズメバチ属七巣を観察し、うちスズメバチ属三五巣、ヤミスズメバチ属六巣を採集しました。また、個体は一六種を採集しました。

その中でも標高八〇〇～一五〇〇m地点（やや高地性で熱帯・亜熱帯でも比較的涼しく、夜間には一八℃くらいになる過ごしやすい場所）で最も多く観察できたのがツマアカスズメバチです。大きなコロニーとなり、巨大な巣を構えていました。

生態　キイロスズメバチの生態と酷似している。

①女王巣は目立たない場所に巣づくりし、個体数が増えると移住する。

②餌は飛翔昆虫、バッタなど多岐にわたり、ごみ捨て場の生ごみや市場の魚肉、豚肉なども漁る。

③個体数はキイロスズメバチの二～五倍に達する。個体そのものは二〇㎜ほどで大型ではないが、大きなコロニーのため人を寄せ付けない。

④観察中最も大きな巣は、マレーシアの二・三m×一・六mあったもの。外被（巣の覆い）は貝殻模様ではなく、カールしトンネル状の外被がねじれるように発達していく。巣の上部は枝や建物への付着、スコール対策で密に厚い。また下部は数十㎝ほど何層にも覆っている。巣の形は美しい壺状からデフォルメされたものまであり、いびつな形も多い。

⑤営巣場所は七割が高木の樹上、三割が建物や低いブッシュである。

採集した巣では、一・三m×〇・四m　巣盤一七段、育房数一四〇〇室、ハチ一二〇〇匹以上。

⑥巣への刺激による反撃はとても強い。よく「凶暴」と形容される。

ただ、これまで日本に生息している六種と比べると、オオスズメバチ、キイロスズメバチに次ぐ強さと考えられる。問題なのは個体の数が桁外れに多く、いったん興奮すると四方八方に飛び散って攻撃対象を探す。

生息域　中国中南部、台湾、タイ、ベトナム、ラオス、マレーシア（ボルネオ島除く）、ミャンマー、インドネシア（スンダ列島のスラウェシ島まで）、カンボジア、インド、パキスタンなどの海抜七〇〇〜八〇〇ｍの高地が中心。

［人為的な侵入］　韓国（釜山、二〇〇三年）、フランス（二〇〇四年）、スペイン（二〇〇六年）、ポルトガル（二〇〇八年）、ベルギー（二〇一一年）、日本（対馬、二〇一二年）、ドイツ、イタリア（二〇一四年）、イギリス（二〇一七年）。

営巣場所　樹木枝、やや高いビルや人家など建造物の軒、ブッシュなど。

侵入後　韓国には日本とほぼ同様の在来種がいるが、現在は駆除数の六割がツマアカスズメバチとなっている。また、フランスでは幹線道路の並木沿いに拡大している。ヨーロッパではほとんどの地域でモンスズメバチ一種しかいなかったこともあり、天敵に遭遇することなく生息域を広げている。

ふつう、生態系は食物連鎖の上で「もちつもたれつ」的な安定した関係を保っている。しかし、いったん別な種類が入ってくると大きな変化の引き金になってしまう。

対策　営巣習性や餌などキイロスズメバチに似ていて、いったん侵入すると食い止めることは困難である。営巣場所も高所が多く、対馬では、キイロスズメバチが高くても一〇mほどなのに対して、ツマアカスズメバチは三〇mを超えることも多い。そのため、三割は駆除不可能となっている。高所に好んで巣づくりする同種をどのように攻略するか知恵を絞らなければならない。

天敵　オオスズメバチが有力で、台湾ではハチクマも天敵に加わる（コラム「天敵『ハチクマ』についての新たな知見」参照）。最も生息密度が高いと考えられる中国では、オオスズメバチが三亜種、ウンナンオオスズメバチも生息している。ただし、オオスズメバチが高所の巣を襲えるかが不明である。

一九九四年に初めて訪れた台湾で、最初に採集したのがツマアカスズメバチでした。その後、ベトナム、ラオス、タイ、マレーシア、インド、中国など多くの場所で同種に出会うことになります。特に中国では、日本のキイロスズメバチ以上に普通の種類であることが分かりました。

市場の魚や肉にたかっていたりします。大きな巣（コロニー）をつくり、攻撃性も強く、巣を採集する際、三〇m離れた物陰に隠れて見ていた方が二カ所刺されました。女王巣からの引っ越しをすることも分っています。キイロスズメバチによく似ていてたくましさがあります。このことから私はかなり以前より日本に侵入することを危惧してきました（コラム「二〇一一年の警鐘」参照）。残念ながら二〇一二年から対馬の北島で観察されるようになり、個体の調査で中国の南部にかけて生息する亜種であることが分かりました。

この亜種は、韓国では二〇〇三年に釜山付近に侵入したものです。また、ヨーロッパには二〇〇四年フランスに輸入した植木鉢などと共に侵入したと考えられています。二〇〇六年にはスペイン、二〇〇八年にポルトガル、その後二〇一二年ベルギー、二〇一四年ドイツに侵入しました。イギリスでは警戒態勢を強めていましたが、二〇一七年に営巣が確認されました。いずれの地でも刺傷被害と農作物の食害、養蜂被害が問題になっています。

生態的には、先に述べたように食性がキイロスズメバチに似ていること。営巣場所が高木、高いビル、岸壁などと高所であること。引っ越し習性があるなどを考え併せると、駆除で侵入を食い止めるのは極めて難しいのではないでしょうか。実際に高所作業車でやっととどいて採れる場合もありますが、足場の関係でそうはいかない場所の方がはるかに多いはずです。また、本種は熱帯から亜熱帯に生息していますが、海抜七〇〇～八〇〇mの高地がその中心なので日本の気候にも十分適応できます。

◎ツマグロスズメバチにも要注意

もう一種、私が以前から懸念しているのがツマグロスズメバチです。日本では西表島や石垣島など亜熱帯の八重山諸島に生息していますが、今後北上する可能性があります。また、海外から別亜種が本土に侵入することも十分考えられます。ツマグロスズメバチは東南アジア、南アジアの熱帯から亜熱帯の低地に広く分布し、多数の亜種が生息しています。ボルネオ島では、コロニーが引っ越し、市場の肉や魚も餌にしています。トンボに体当たりして狩りをするのも目撃しました。コロニーの規模は大きく、巣は直径八〇㎝を超え、八重山の亜種よりも攻撃性が強いのが特徴です。

今後さらに気候変動が進み、温暖化の進行によって夏季が長く冬季が短くなれば、ツマグロスズメバチも遠くない将来に生息が可能になるでしょう。

さらに、二〇一八年に台湾に侵入したオウゴンスズメバチ（*V. bicolor*）も、ツマアカスズメバチ同様の環境で生きてきた種で、同じく一八年に台湾に侵入しているキイロスズメバチ、ツマアカスズメバチなどと共にbicolorグループとされ、習性やＤＮＡにおいても近い種類です。

また、スズメバチ以外にも一九九六年に熱帯のオオミツバチが川崎の公立中学校四階の庇に営巣していたことがありました。このミツバチは凶暴で、巣を刺激すると執拗に一㎞以上も追跡するほどです。また、ハウス栽培の花粉媒介のために輸入されたセイヨウオオマルハナバチが、一九九〇年ハウスを抜け出し野外で繁殖したことがありました。

海外では、二〇一九年にオオスズメバチが、アメリカのワシントン州、カナダのバンクーバー島に侵入しました。コンテナに紛れていたとみられています。

人や物の流れが著しい今日、一方では、生きものたちの新たな侵入と生態系が乱れるリスクを常に抱えていることを忘れてはなりません。

［コラム］

2011年の警鐘

私は、海外で広く生息していて巨大コロニーをつくるスズメバチを目撃、観察したことから、その生命力に衝撃を受け、2011 年に以下のような文章を書きました。危惧が現実となってしまった今日ですが、そのまま掲載します。

＊＊＊

もし、海外のスズメバチが日本に侵入するとしたら

～韓国・フランスは対岸の火ではない ツマアカスズメバチ～

これまでにも人為的にあるいは何らかの事情でスズメバチが未生息地に侵入した例はいくつかあります。アメリカ東部にはモンスズメバチ、マダガスカルにはオリエントスズメバチ、ニュージーランドとオーストラリアには、クロスズメバチの一種などです。アメリカとニュージーランドへは害虫駆除の目的で導入されました。

しかし、近年、新たに韓国とフランスにスズメバチが侵入しました。

韓国では、2003 年ごろからツマアカスズメバチが釜山付近で観察されるようになり、現在も分布を広げ、被害も増えているといいます。ツマアカスズメバチは、キイロスズメバチと習性が酷似しています。韓国には、ケブカスズメバチおよび同亜種のキイロスズメバチが生息していますが、競合しつつも猛威を振るっています。

フランスでも 2004 年ごろから南西部に侵入したとみられ、パリ付近を含む中部まで分布を拡げています。いずれも、同種は生息してなかった地域で、植物の輸入の際に侵入したと考えられています。フランスでは、モンスズメバチ以外 *Vespa* 属はいなかったので、侵入してから短期間で分布を広げたようです。

さて、日本には現在、沖縄と北海道を除くと、同所的に 6 種類のスズメバチが生息しています。物資の流入が盛んになればなるほど、海外の種類が侵入する機会も増大します。アルゼンチンアリが西日本に侵入して、在来種を圧倒しています。神奈川県川崎市で、熱帯から亜熱帯に生息しているオオミツバチが、中学校の校舎に営巣しているのが見つかったのも記憶に新しいところです。

スズメバチは今のところ侵入の情報はありませんが、いつ見かけたことがないスズメバチが見つかるという事態になってもおかしくありません。特に注意を要する種類は、やはりツマアカスズメバチです。中国の亜種が、韓国、フランスで繁殖している事実から、日本の気候にも問題なく適応し、侵入すれば十分繁殖可能です。また、同種はもともと、熱帯、亜熱帯で生息していますが、やや山地性です。日本の寒い冬を乗り切ることも可能です。現在、ツマグロスズメバチは、亜熱帯の八重山地方に生息しています。温暖化が続くようなら、この種の北上の可能性も十分に考えられます。

（2011 年 6 月）

それは、かつて行った次のような実験結果からの推測です。10匹前後の働きバチがいるモンスズメバチの若い巣に、チャイロスズメバチが侵入し、乗っ取るまでを観察しました。乗っ取りは初めからオーナーのモンスズメバチの女王バチを殺すのではなく、まず抵抗する働きバチと頻繁に接触します。徐々に抵抗が少なくなると巣の中心部に入って女王バチに近づき、格闘になると馬乗りになって、喉元に毒針を刺し込みました。この格闘中、モンスズメバチの働きバチは特に関心を示さず、普段通り育児や巣内の掃除などしていました。実は、トゲアリがクロオオアリの巣を乗っ取るときも、ほぼ同じ展開でした。

後に分かったことですが、ハチやアリには体表に種類によって異なる炭化水素などの匂い物質がついている。しかし、チャイロスズメバチにはその物質はないと、京都産業大学の高橋純一先生から伺いました。

さて、ハチクマの話に戻りましょう。もしスズメバチの巣を襲い、巣盤ごと奪うハチクマに匂いがないと仮定したらどうでしょう。何度かのアタックであえてツマアカスズメバチと接触し、匂いを擦りつけてもらい、それによって相手の抵抗を少なくしていくという流れが十分に納得いきます。反対に、ハチクマが個性的な匂いをもっていたとすれば、ハチがその匂いを遮断するため、自ら匂いをハチクマに擦りつけようとするのではないでしょうか。ハチクマは何回かのアタックでハチの匂いをつけてもらいます。その結果、巣に近づいても攻撃されなくなるのではないかと考えました。

いずれにしても、「匂いをめぐる戦争」と言えるのではないでしょうか。

ハチの幼虫を食べるハチクマの雛
（撮影：平野伸明）

［コラム］

……………　天敵「ハチクマ」についての新たな知見　……………

ハチクマは猛禽《もうきん》類でスズメバチ、クロスズメバチ、オオミツバチの巣を襲い、巣内の蛹や幼虫を巣盤ごと巣に運び、幼鳥の餌として子育てをする特異な生態の持ち主です。また、養蜂場で捨てられる巣の断片を食べていました。渡りをするタカであるハチクマが、スズメバチ類の天敵であることは断片的には知られていました。ハチクマが襲っているのはクロスズメバチが中心で、コガタスズメバチも襲われているらしいところまでは分かっていました。

しかし、2014 年 4 月 20 日に放映された NHK「ダーウィンが来た！」では、台湾でツマアカスズメバチの巨大な巣が、ハチクマの攻撃で外被を破壊され、ハチクマが巣内の幼虫を食べ、巣盤を自らの巣に運んでいくというショッキングな画面が映し出されました。また、秋田県で撮影をしたスタッフの映像から、キイロスズメバチやコガタスズメバチの大きな巣盤がハチクマの巣に持ち込まれていたことも確認されました。

ハチクマは、日本に来て子育てをしたのち秋にまた東南アジアに戻って行きます。渡りのコースは、スズメバチの中ではやや小さいツマアカスズメバチが多く分布するタイ南部、マレーシアの半島部、スマトラ島、インドネシアのスンダ列島に沿ってスラウェシ島へと移動します。また、オオミツバチが多いスマトラ島からボルネオ島がコースとなっているのも興味深いことです。台湾では、渡りをしない留鳥もいるといいます。今後、ハチクマとスズメバチとの天敵関係などさらに生態が明らかになることを期待します。

この番組のカメラマン平野伸明氏から放映後に、巣が襲われたとき、なぜツマアカスズメバチが抵抗しなくなったのかコメントを求められました。

私は、ハチクマがあえて何度かアタックする映像を見て、アタックによってスズメバチの匂いをつけているのではないかとの考えを伝えました。

［コラム］

ツマアカスズメバチの近未来予想

202×年8月　首都圏のA市に
ツマアカスズメバチの営巣を確認！

ニュース○○です。今夜はまず、このニュースからお伝えします。VTR をご覧ください。

本日午後、首都圏の A 市で初めてツマアカスズメバチの巣が発見されました。巣は、連絡を受けた同県の「スズメバチレンジャー」高性能ドローンによって駆除されました。巣は住宅地に隣接する山林のコナラの木のおよそ 17m の高さにありました。巣の大きさはすでに最大直径 43cm、高さは 51cm に成長し、巣盤は八層、働きバチの数は 1200 匹を超えていました。

2012 年に対馬の北島でツマアカスズメバチの営巣が確認され、環境省が 1 億円の予算で水際作戦を行ってきましたが、2015 年には、北九州市で巣が見つかっていました。その後 2020 年は広島県 2 個、島根県 2 個、福岡県 1 個か確認されましたが、その都度駆除されてきました。しかし 2022 年以降は、九州、四国、中国地方、近畿地方の西日本全域に生息域が広がっていました。駆除された巣だけで 250 個を超えました。さらに、24 年、25 年になると三重県、愛知県、静岡県などの太平洋側でも相次いで巣が確認されてきました。

環境省はツマアカスズメバチ対策に全力を投じてきましたが、アライグマやブラックバス、カミツキガメなどの特定外来種同様に、いったん侵入した種類への確実な対処はなかなか難しく、対策を尻目に分布が拡大しています。今後首都圏のどこに巣ができてもおかしくない、また各地のこれまでの報告によると営巣場所は高木以外にもビルや民家、低い繁みでも巣は見つかっていて、日本の環境に適応しはじめていると研究者は話しています。

「スズメバチレンジャー」は、高所の作業とスズメバチから身を守るための新たな防護服や高性能ドローンを開発して駆除にあたってきましたが、……

[6] スズメバチとの共生 [匂いをもって匂いを制する]

1 「忌避、行動錯乱」効果あり! 木酢液実験

どんな生きものも「本能」で行動しています。クモは考えながら糸で精巧な網をつくっているわけではなく、もともとそなわった本能に従って張っているに過ぎません。

スズメバチやアリは、同じ種類であっても匂いの違いがあって、他の巣のハチを絶対に受け入れることはありません。たとえば、数が少なくなり勢力が衰えてしまったアリの巣に、他の巣の同じ種類のアリを

一緒に入れようとすれば大変なことになります。殺し合いが始まってしまいます。これも本能がそうさせているのです。

また、以前こんな出来事がありました。秋にオオスズメバチの巣を採集して車で移動中、休憩を取っていたら、どこからともなく、車の周りに五、六匹のオスバチが飛来してきたのです。いかに匂い（＝フェロモン）に敏感であるかが分かりました。

スズメバチは、この「匂いの本能」に支配されていると考えられます。私はスズメバチの問題を解決できる鍵がここにあると思っています。多くの生きものは匂いによって仲間を認識し、配偶者を求めます。スズメバチやアリは敏感で、人が巣に近づいただけで自分たちとは異なる匂いを感知します。そして、「警報フェロモン」を出し、そこから巣を守ろうとする行動が始まります。フェロモンは化学物質ですが、いろいろな場面で、それぞれのフェロモンが働きます。仲間の認知だけでなく、警戒や配偶行動などもそうです。アリの場合は「道しるべ」も有名です。ある種のハチは花を訪れてクモなどにやれたとき、仲間に危険を知らせる匂いを振りまくそうです。

もし、こうした匂いを消すことができたり、スズメバチが仲間と錯覚する匂いだったり、嫌で避けたい匂いだったりしたらどうなるでしょう。きっと、攻撃しようとしたハチは、「ちょっとまてよ」と違った行動に出るのではないかというのが私の考えです。

★木酢液（もくさくえき）

木材を蒸し焼きにすることによって得られる液体。炭焼き時に発生する煙を冷却し、副産物として製造されることが多い。酢酸を主成分とし、その他にも多数の有機成分が含まれるといわれている。虫除け、除草、消臭、入浴用など、多目的な商品として販売されており、ドラッグストアなどで購入できる。

ところで、我が家のブドウは毎年蛾の幼虫に食われ悩まされてきました。その害虫駆除をしたときに用いた、安全で害虫が近寄りにくくなる力の大きかった「木酢液」に注目しました。

木酢液に対してスズメバチはどんな行動をとるのか。見つけたスズメバチの巣での実験では効果が見られましたが、より客観的な確証が必要でした。

例年、スズメバチの取材を依頼してくるテレビ局がいくつかあります。取材にあたって「木酢液による実験」に理解を示したのが、フジテレビのディレクターでした。「オオスズメバチの巣の前に、いくつかの匂いのある物質を置いて、どんな反応をするか試したい」と申し入れしたところ、ロケを行う際に実験の機会をいただきました。

実際に土手にあったオオスズメバチの巣の前に、それぞれ特有の匂いをもつ、ハーブの一種、タンニン（かきしぶ）酸アルコール、ユーカリエキス、木酢液などを置いてみました。スズメバチは、普段なら巣の入口に邪魔になる物や巣とは異なる匂いのある物を置いたりすると、異臭を感じ取り、敵が来たと判断して、すぐどけようとしたり、中から一斉に出てきて興奮状態になります。

それがどうでしょう。木酢液を置いたときには、「ちょっと嫌な匂いだな」と思っているような行動に出ました。興奮するというより、木酢液から遠ざかったり、入口にいて巣を守る役割をしている働きバチが巣に引っ込んで行ったりしたのです。

門番のハチはいったん巣内に逃げ込み、明らかに木酢液を嫌う行動が見られました。

翌年には、キイロスズメバチの巣の前で黒いベストに木酢液を散布してハチの反応を見ました。また、

ＮＨＫの情報番組では、直接木酢液を巣に噴霧したりして、スズメバチの忌避的な反応を見ることができました（フジテレビ「スーパーニュース」、ＮＨＫ「首都圏ネットワーク」）。

三年目、「生き物にサンキュー!!」（ＴＢＳ）では、二本の棒の先端に黒いフエルト布を巻いたものを用意し、一方に木酢液を霧吹きで散布しました。スズメバチはもともと黒色や毛髪を攻撃のターゲットにするため、このフエルトは十分攻撃のまとになります。この二本の棒を盛んに出入りしているキイロスズメバチの巣の前にかざしました。最盛期のキイロスズメバチは、近づいただけで興奮し攻撃してきます。

このとき、黒いフエルトの巻いてある棒の先端には、すぐにキイロスズメバチが数十匹群がってきました。しかし、木酢液をつけた方のフエルトにはほとんど攻撃をしてこないということが改めて実証されました。このときは、予測をはるかに超えた結果となり、驚いたくらいです。

また、知人にお願いして、オオスズメバチがやってきて困っている農家のカキやイチジクの木に木酢液を置いたところ、飛

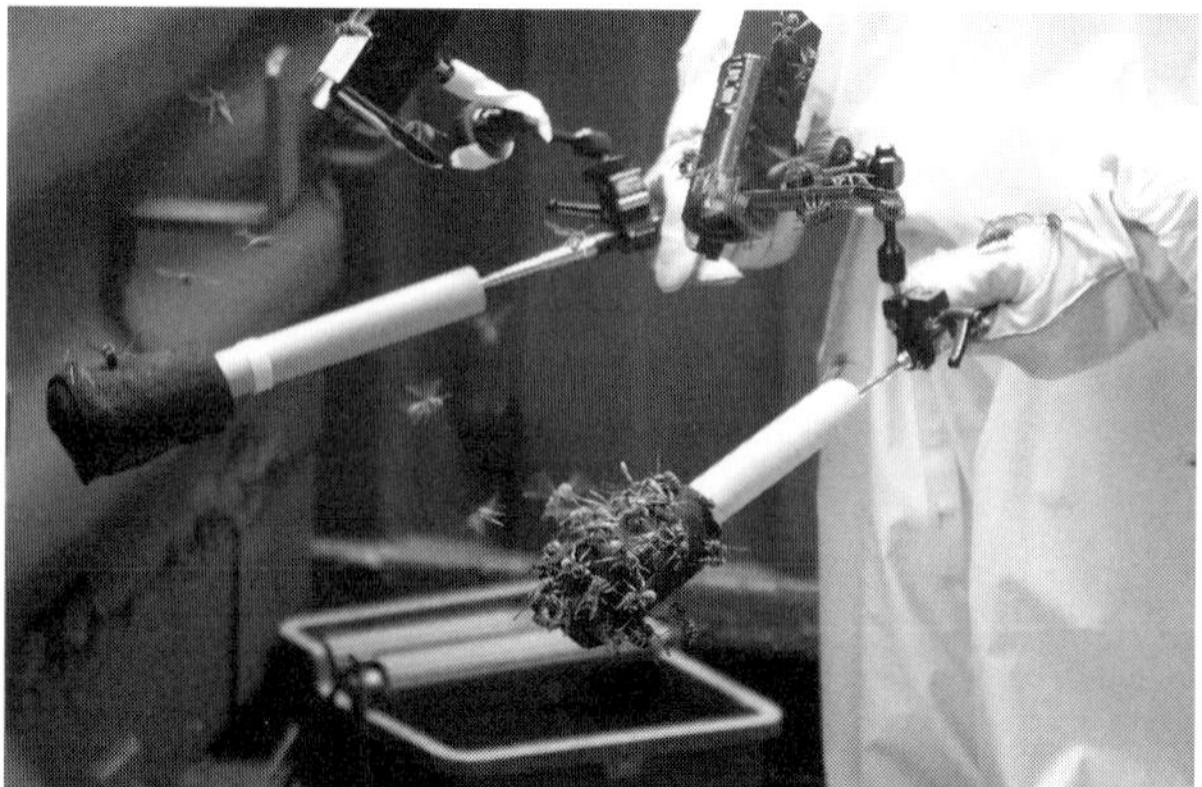
木酢液を使った実験。木酢液をつけた右手側にはハチが寄って来なかった。

来するスズメバチの数が減り、被害がかなり減っているとの報告ももらいました。

ただ、木酢液のどの成分に効果があるのかの究明や具体的な使用法など、さらに巣を前にしての実験を重ねる必要があります。

木酢液については、ブドウの害虫対策として散布したところ被害が極端に減ったことをきっかけに、スズメバチに使えるのではないかとの「もしかしたら」のひらめきからこの研究が始まりました。

私は、スズメバチは、単に駆除すべき恐怖の相手ではなく、共に生きていくパートナーとして位置づけることが必要だと思っています。

この実験結果は近い将来にスズメバチのトラブルを少なくしたり、果樹農業や養蜂業に応用したりすることができるようになるかもしれません。

また、その後の試験で、スキンガードローションの「エコル

木酢液は少なくとも 15 分くらいは効果が見られるので、軽装でも巣の駆除が可能となる。

ＢＢ」（コバイバオイル配合）も木酢液同様に巣から反撃のため出てくる働きバチに軽く散布すると巣に戻るなどの行動に出ることが分かりました。ハイキング、野外活動、剪定、草刈りなどで巣が発見された場合、霧吹きによる散布で三〇分程度スズメバチ、アシナガバチの攻撃行動を抑えることができます。

❷もしもスズメバチが消えたなら

自然界の生きものたちは、みな食べ物でつながっています。たとえば、ミカンという植物をアゲハチョウの幼虫は食べて、子孫を増やしていきます。そのアゲハチョウの幼虫にアゲハヒメバチなどの蜂が寄生し、成虫をカマキリが食べて生き延びます。もちろん、他の敵にも襲われるでしょう。そのカマキリをオオスズメバチが襲って餌にします。このような食べ物による生きものたちのつながりを「食物連鎖」と呼んでいます。

植物は、生産者なので、それが豊かなほど、「生きものたちの多様性」につながります。アゲハチョウは消費者ですが、そのアゲハチョウを食べてしまうアゲハヒメバチやカマキリは二次の消費者、オオスズメバチは三次の消費者になります。このいくつものつながりの頂点に立つものは、草原であればライオンです。森であればタカでしょう。この食物の連鎖《チェーン》が複雑で太ければ、豊かな自然があるということになります。

たとえば、キイロスズメバチの二千室の育房をもつ巣では、イエバエにすると百数十万匹を狩るのと同じくらいの餌が必要です。スズメバチの餌は昆虫やクモで、ハエ、アブ、ガ、バッタなど多岐にわたります。植物を食べる虫が大量に発生すると、私たちの生活にとって大きな問題となります。これらの昆虫の数をコントロールする働きをもっている昆虫の代表がスズメバチなのです。

なかでもオオスズメバチの餌には、コガネムシ、カミキリムシ、大型のバッタやイモムシなどが加わります。そして、他のスズメバチを襲って餌にするのですから、キイロスズメバチの増え過ぎも抑える働きをします。オオスズメバチは、昆虫界では断然、食物連鎖の頂点に立っていると言えます。

日本では今、シカが増殖して困っているところが増えています。植林した木を食べ、尾瀬のミズバショウやポピー畑の花が食害にあっています。もともとは、オオカミがその数をコントロールする役割を果たしていましたが、日本のオオカミは明治時代の末頃に姿を消してしまいました。その例からも、もしスズメバチがいなくなると日本の野山の生態系がさらにくずれて思いもよらない結果を招くことでしょう。

スズメバチは、昆虫界の食物連鎖では上位にいますが、そのスズメバチの中でもトップにいるのがオオスズメバチです。だから、オオスズメバチの消滅は、アフリカのサバンナの草原でライオンがいなくなるのと同じような意味を持つのです。

私は今日、目の敵のように思われて見つかるとどんどん駆除されていくオオスズメバチやキイロスズメバチを見ていると、これでいいのだろうかと考えてしまいます。もっと、スズメバチの生態を知らせながら、人が刺される事故を減らしていく努力をしなければなりません。一方で、スズメバチを保護するという考えを持つことも必要だと思います。

後になって、私たち人間がしっぺ返しを食らうことがないように。

❸地球の先輩にリスペクト〔命のバトンを大切に〕

私はかつて、「スズメバチ権利宣言」で、次のように書きました。

「……人権擁護の思想は大きなうねりになっていますが、それは人々が心地よい生活を日々送ることにほかなりません。このことは同時に、地球環境をつくってきたすべての生きものたちにも保証されなくてはなりません。豊かな自然環境がなければ、私たちの生きていく基盤そのものが奪われるからです。役割をもたない生きものは存在しません。私は、その意味でも『虫権』を擁護しなければならないと考えています。人間以外の「虫けら」には自ら主張することはできません。だから代弁しなくてはなりません。……スズメバチが人と共存していけるような明日の道を探っていきたいものです。……」（拙書『スズメバチ―都会進出と生き残り戦略―』の「あとがき」より）

私が駆除を頼まれるとき、殺虫剤はできるだけ使いたくないし、できれば巣ごと採集して飼育したり、安全な場所に移してあげたりしたくなります。実際に、そうしたこともあります。なぜなら、スズメバチがどれだけ大変な思いをして大きな巣を築き上げてきたかを誰よりも見てきたからです。結婚（交尾）を終えた後、五カ月間に及ぶ冬眠を経て、たった一匹で苦労しながら巣づくり、狩り、産卵、子育てをするたくさんの女王バチの、四〇日間をずっと見続けてきたからです。

私たちも生きることって大変です。人間にとって子どもを育てることは、言葉ではあらわし切れない苦労があります。

共に生きる者としての共感から、私はある思いをずっと温めてきました。「殺虫剤を使わずにスズメバチの攻撃力を弱めることはできないだろうか……。」

スズメバチ研究の第一人者であった故・松浦誠さんは、スズメバチの中でも最も匂いに敏感なオオスズメバチを近くで観察するのに、「匂い」を利用しました。

オオスズメバチの巣は、ほとんどが地中にあります。ちょっと難しく言うと、オオスズメバチは地中とか樹洞とか外からは直接見えない「遮蔽空間《しゃへいくうかん》」に巣をつくります。だから普通、巣内のハナたちの行動はほとんど観察できません。他のスズメバチと同じように多数の働きバチや幼虫はいるので、巣の下には、排泄物や狩ってきた昆虫の残骸などの排泄物が大量に出ます。ですから、オオスズメバチの巣の下の土は、働きバチが増える頃からそれらの老廃物でドロドロになるほどです。そこで松浦氏は、巣の下に空の鍋を置くことを思いつきました。もちろん、実行するときにはひと騒動ありますが、一週間もすると排泄物がたまります。この排泄物をシャツやズボン、身体全体に塗り付けました。

するとどうでしょう。防護服を着なくても、近寄って、巣の中を間近にゆっくりと観察することができたといいます。

何よりもスズメバチと人間とのトラブルが少なくなるように。この夢は是非実現させたいと考えています。

たとえば、遠足などの野外活動でスズメバチが周りを飛び回ることがあるでしょう。私たちは危険や恐怖を感じますが、スズメバチの方も同じように感じていて、それが巣に伝わると刺す行動に出ることもしばしばあります。私の実験では、スズメバチがまとわりつくような場合は、木酢液の散布で逃げていきます。野外での活動に指導者は木酢液のスプレーを携帯すべきと考えています。この嫌がる匂いの物質についてもう少し解明できたら、さらにスズメバチの行動を変えることができるかもしれません。

また、スズメバチの巣は、古くから漢方薬「露蜂房《ロホウボウ》」と呼ばれて殺虫、解毒、鎮静の作用があるとされています。巣は削った朽木を唾液とよく混ぜて塗っていきますが、その唾液にタンパク質が含まれています。このタンパク質が巣材の接着に大切な役割を果たしています。私たちの生活に役立つ秘密を握っているのかもしれません。

スズメバチに対する生きものとしての共感意識――共に生きることが大切です。

スズメバチはリスペクトすべき地球の先輩なのです。

エピローグ

がんばれ！　都会派・コガタスズメバチ

スズメバチと言えば凶暴なハチとのイメージが強く、オオスズメバチやキイロスズメバチがその代名詞となっています。最近では新たに侵入したツマアカスズメバチなどもメディアではセンセーショナルに扱われています。

しかし、都会で以前から一般的なのはコガタスズメバチです。昆虫の生態系では、トップに位置するスズメバチは、オオスズメバチ、ヒメスズメバチ、キイロスズメバチなどそれぞれ生息地域、餌の種類、巣づくりの場所などで棲み分けをしてきました。

コガタスズメバチは、人家の庭木や軒下、公園の繁みなど人間の生活圏を生きていく場所に選びました。まちの街路樹や公園、人家の庭木などを営巣場所や餌場にしています。スズメバチとしてはそう大きくない百匹ほどのコロニーを構成します。このコロニーの大きさゆえに、それほど自然が豊かではない都会でも生きていくことができるのです。

もちろん、コロニーが小さいとはいえ、巣を刺激すると大変なことになります。私が初めて出会い、瞼を刺されることになったスズメバチでもあります。名前に「コガタ」とつきますが、個体は二五〜二八㎜と決して小さいわけではありません。しかし、オオスズメバチやキイロスズメバチほど気が荒くはないので、静かに巣に近づけば目の前での観察もできます。

どんな生きものでも、この地球に生きてきた仲間としてリスペクトすることは大切です。コガタスズメバチは、十分に「共存」可能なスズメバチです。

本書の終わりに、このコガタスズメバチの生態を彼女たちの目線で、物語風に描いてみました。

見知らぬ世界へ

五時をすぎると丸いまどに光がさし込んできた。

進んでいくと光の輪はだんだん大きく明るく見えてきた。

目の前をせわしげに動きまわる仲間たちがいる。

その仲間を押しのけるように光の先へ進む。

外の風もかすかに感じるようになった。

門番の仲間が外の様子をうかがっている。触角でトントン叩くと通れるほど開けてくれた。進もうとすると戻ってきた仲間が何かくわえて戻って来た。

ガラスのない丸いまどは外と内をつなぐたった一つの玄関、巣口だ。

日差しと風を感じながらゆっくり外に出た。

いったん外に出たものの踵を返して戻った。

しかし、また巣口に向かった。

今度は迷わず全身が外に出た。

そして太陽には背を向け、翅を立て、小刻みに震わせた。

飛行への儀式《ルーティーン》が始まる。

翅を上下に動かすと、ゆっくり空中に浮かんだ。

生まれて初めて飛んだのだ。それも一ｍに満たない。

自由に飛び立つにはまだ儀式は続く。

巣口に戻り、二度目の飛行が始まった。

すぐ遠くに飛び出すことはなく、巣口に向かって円を描くように旋回した。

巣と周りの景色を一つ一つ記憶していった。

次第にその円を大きく描くと、空中で向きを変えそのまま大空に消えていった。

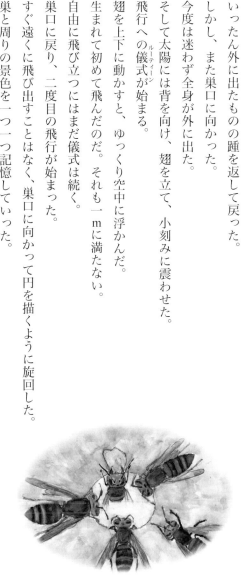

スピード・テクニック・パワーの狩り

森のカフェには、カナブンやタテハチョウやコバエなどが香りに誘われて群がっていた。少なくなったがまち外れに残る小さな雑木林で甘酸っぱい汁を出すのはクヌギの木。カブトムシやクワガタもやってきては長居し場所取りが始まる。

カフェの香りは遠くからでもかすかに匂ってくる。百mくらいの距離なら間違いなくその方向に飛んでいける。

樹液はエネルギーとして欠かせない。匂いに惹きつけられるようにクヌギの木の近くまでやってきた。先着がいる！

しばらく樹液場の見える近くの木陰で体を休めることにした。すると二匹のアオカナブンが食事を終えると飛び立っていった。チャンスを狙っていたわたしは、素早く樹液場をめざした。もっと大きくて危険なやつが来る前に樹液にありつかないと。わたしは、カブトムシの隣に顔を突っ込んだ。大あごの奥にある小さなブラシのような舌を伸ばして吸い始めた。カブトムシは、脚で何度もわたしを払いのけた。私も、大あごを開いて押しのけた。少しずついい場所を確保していった。二〇分もするとだいぶ腹が張ってきた。そのとき、ちょうど大きくて危険なやつがやって来た。もめごとになる前に樹液場を離れた。

これで狩りに行ける。

わたしたちの最も得意とする相手は、すばしこく飛ぶハエやアブやハチの仲間だ。ハナバチやアブは、空中を自在に飛ぶ仲間で素早い。この両者はホバリングしながら移動する。空中の軽業師のアブは、体が軽く翅が二枚に進化し飛行技術は特に優れている。

しかし、わたしたちには丈夫な翅、長い脚とその先には強力なかぎ爪、そして大あごも備えている。毒針は狩りで普段使うことはしないが、反撃されたときはいつでも使うことができる最も強力な武器となる。

ヤブガラシの花には蜜を求めて様々な虫がやってくる。舌の短いわたしにとってヤブガラシの花は舐めやすく樹液の次に好きだ。ちょっと舐めては別の花に移っていく。

一見穏やかな風景に見えるが、決してそうではない。アブやハエにとっては、ヤブガラシの花に紛れて隠れているハナグモは危険だ。知らずに近づくと餌となる。カマキリも葉の緑に紛れている。

わたしも蜜を舐めにきてはいても、たえず花にやってくる虫たちを狙っている。ヤブガラシには、アブ、ハエ、ハチ、チョウ、マメコガネ、ツユムシなどターゲットにする相手はいくらでも集まってくる。

アシナガバチが脚を垂らしてゆったりとヤブガラシにやって来た。

同じようなハンターで毒針を持っているが、スピードでも私の足元に及ばない。

花蜜を少し舐めていると、アシナガバチがゆらゆら飛び立っていった。その瞬間を見逃さなかった。真横から接近し抱えるように六本の脚を絡めていった。パワーで圧倒し、勝負はすぐ決した。六本の脚は強力な武器だ。体当たりでアシナガバチがバランスを崩れたところを、かぎ爪で捕えたのだ。

そして、素早く近くの木の枝に止まって、まず毒針のある腹を切り落とした。相手の翅や脚、触角を次々に切り落とした。胸は肉団子にしていく。少し形が残っていたがくわえてそのまま巣に運んだ。

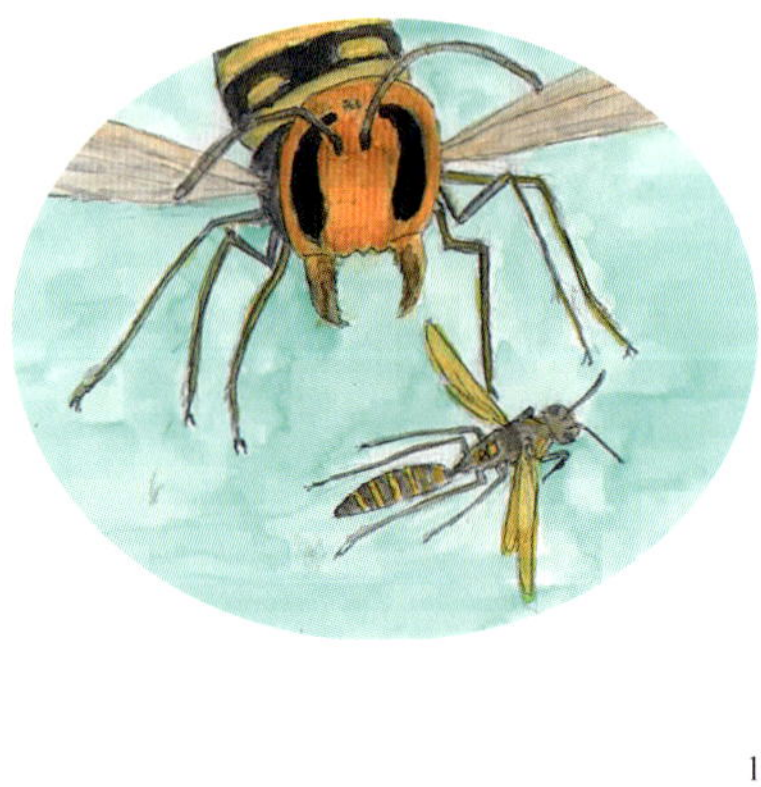

キラキラゆれる木々の葉を巡っていった。
午後になり気温が上がって木々の葉もだるそうにしおれている。暑いと体温が上がってしまう。日陰を選んで餌を探す。こんな日は狩りをする相手も隠れている。体を冷やすために庭の水道の升に向かった。
地表近くにちらっと動くものを見逃がさなかった。スピードを上げ接近した。とっさに動きと距離を測る。

珍しくオンブバッタを見つけると体当たりした。跳ねようとしたところを六本の脚を投網のようにして捕縛した。そのままバッタをくわえてススキの葉に逆さになって、協力で邪魔な後ろ脚から切り落とした。触角や翅も大アゴで切り落としていった。

胸の筋肉は質の良いタンパクだ。パキパキと音を立ててかみ砕き、さらにミンチ状に咀嚼して持ち帰った。かみ砕きながら肉汁を飲み込む。わたしの胸と腹の間にはくびれがあり、かたまりで飲み込むことができない。

アブやバッタは皮膚が柔らかくて調理しやすい。スピードのあるドロバチは捕らえるのが難しいが、胸の筋肉は量が多く調理のしがいあった。

巣に運んでいった獲物は、巣内でさらに咀嚼して幼虫に小分けして与えた。もちろんその後に幼虫たちから栄養ドリンクをもらった。

セキュリティーは完璧に

昼間は、戻る仲間と出かける仲間で巣口はごった返している。仲間がセキュリティーチェックしている。何匹かの頭は自動ドアのように入り口を開閉している。特に戻ってくる仲間に対しては一匹一匹触角でのチェック

殺した。

を怠らない。以前違った匂いを付けた者が入ろうとしたとき、すぐに追い出しのど元に毒針を突き刺して

セキュリティーチェックしている仲間が脚でタッピングしてカサッ、カサッと合図を送った。

警戒！匂いがする！

合図をキャッチした仲間が、素早く巣口に押し掛けてきた。

まず、三匹が巣を飛び出した。

外被のパトロールで駆け回る音が仲間たちに警戒のサインを出していった。

しかし、外敵はもう近くにいないようだった。

一匹が巣の周りを旋回したが、それ以上は飛んでいくことはしなかった。興奮が納まると、徐々に巣に向かっていった。それでも、いきなり巣の中には入らずしばらく外被でじっとしていた。五分くらいすると三々五々仲間は触角で安全を確認するようにして巣内に戻り、いつもと変わらぬ活動に戻っていった。

巣が揺れた。

これは風で揺れたのではないことを一瞬に察知した。近くに敵がいる！

巣内から興奮した仲間が次々に出てきた。わたしも巣内の育児の仕事をやめて参加した。辺を飛び回る仲間もいた。わたしたちは外被を駆け回り、翅を立ていつでも飛べる体制に入った。

仲間が巣の周りを飛びながら毒針から毒をわずかに噴霧した。この匂いが仲間をさらに興奮させた。

そのとき、仲間がいきなり外敵の毒針を突き刺した。別の仲間もあとを追った。外敵は仲間を手で払いながら遠ざかっていっ

た。外敵が遠ざかると、後から出て行った仲間も次第に巣に戻って行った。しばらく外被に留まる者もいた。

巣を守るために毒針が発達した。そして、腰のくびれは毒針の威力を一段と高めている。私たちの毒針と毒の強さはみな恐れている。

一級建築士はエコの天才

泥で美しいツボのような巣を作る仲間もいる。少人数家族ならそれでいい。わたしたちは数百、数千の大家族だから泥では重くてどうにもならない。

森の中ならどこにでもある朽ちかけた木を使うことを発見した。これなら軽い。でもただ集めても使えない。粘り気のある唾液をあわせるようにした。よくかみ砕いて、ちょうど西洋紙のパルプ状にした。

こうして、丈夫な六角形の育児室は、材料も少なくて正確なつくりだ。さらに円盤状の巣盤にして大家族の住みかとした。

高度な建築技術によって積み上げられた。

もうひとつ大きな秘密がある。覆いを掛けることによって、子どもたちを守ることができた。わたしたちの大アゴは狩りのため武器でもあり、巣づくりでは「こて」のような道具にもなっている。

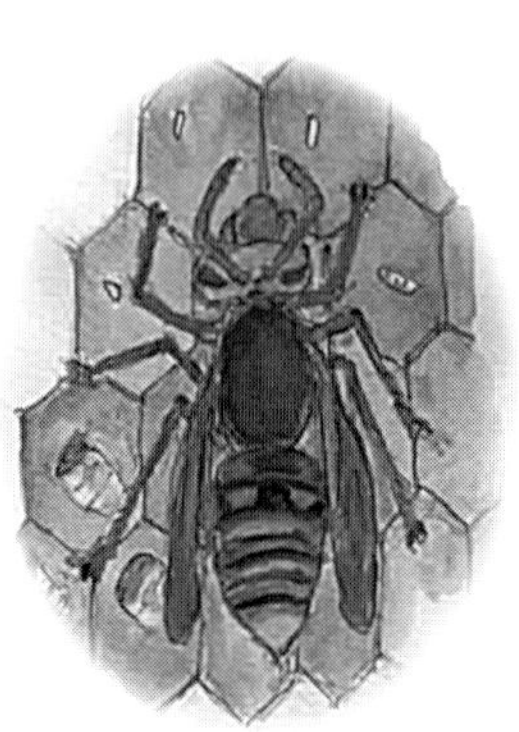

覆いを何層か重ねて空気の層も作る。秋に北風が吹いても巣の中は、寒さから子どもたちを守ることができる。

おまけに、猛暑日には水を運んできて壁などに塗って翅を震わせ温度を下げ、冷暖房完備に近いつくりになった。

巣を大きくするには覆いを外側にどんどん膨らませるが、なかでは覆いを内側から削ってその材料で六角形の育児室をつくっていった。

巣には独特の貝殻模様や縞模様がある。朽木を探しては巣材にする。それぞれの仲間が決まった朽木から採集するので、茶色、黄土色、焦げ茶色、黒、肌色……。見事なグラデーションになっていく。

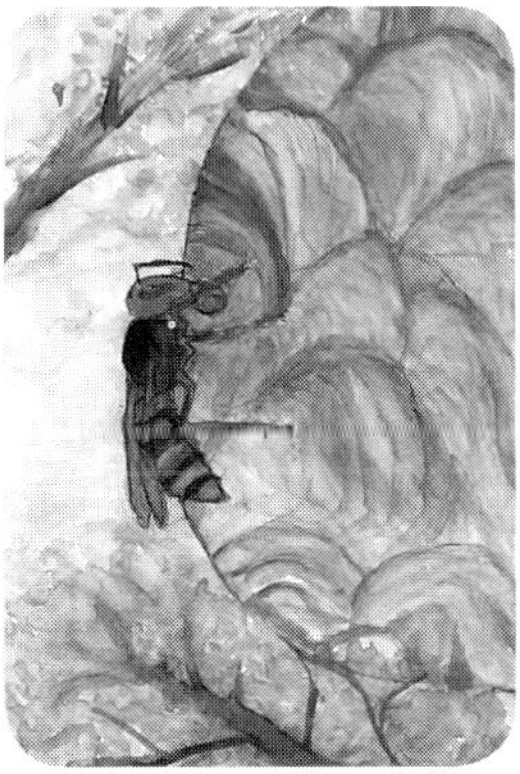

ロイヤルコート

育児室を見て回った。娘たちが六角形の新しい部屋を器用につくっていた。その部屋はできたばかりでまだ壁が濡れている。別の部屋を見て回った。少し前に羽化して空になった部屋を見つけた。ちょうど娘がきれいに掃除し終えたところだ。

わたしは自分でも頭から突っ込んでみた。今度は態勢を変え腹から部屋に後ずさりし、腹を突っ込んで動きを止めた。しっかり捕まるとじっと同じ姿勢で踏ん張った。数分経ったろか。毒針の中ほどのところから乳白色の卵が現れた。そのまま部屋の壁に卵を産みつけた。産み終わるとそれを確認するために頭から突っ込んで卵を舐めまわした。

そのあと大きな幼虫のところに行き、触角でのど元をちょんちょんとつつくと口から透明の甘い液を吐き戻させた。栄養満点のスペシャルドリンクだ。そのドリンクを何回か飲み込んだ。別の大きな幼虫の元にも行きねだった。わたしは狩りから巣づくり、子育てのすべてをこなしてきたが、今は卵を産むことだけになった。

七月後半になると巣の増築が頻繁になり、羽化する娘たちも増える。わたしにとっては新しい部屋を用意されると、娘たちに促されるように次々に産卵していく。

女王のフェロモンの量が多くなると、周りに娘たちがやってきては体を舐めまわすようになる。このフェロモンは仲間の絆。

夏の終わり頃、わたしの周りには大勢の仲間が先を競って私のフェロモンを舐める。このローヤルコートは次世代の女王バチと王バチを育てる合図だ。

旅立ち〜結婚そして長い眠りに

今日は小春日和だ。仲間たちは、自分たちより一回り大きなわたしの背中を押すように巣から追い出しにかかった。わたしは、生まれてから餌をもらうだけだった。

巣を出ると秋の日差しのなかゆっくり飛び立っていった。いったん近くの木の枝に止まって、脚や大アゴを使って体の隅々をきれいに拭った。

もう一度飛び立つと雑木林の方に消えていった。梢には何匹かのオスたちがすごいスピードで飛び交っていた。

するといきなり後方からオスが飛びついてきた。わたしは、バランスを失いオスと共に地上に落下した。

初めオスがわたしに馬乗りになった。そして、素早く腹の先が結ばれS字のようになり交尾が成立した。しばらくすると、わたしはオスを振り払い森の暗い方へ降り立った。

倒れている朽木の端を大あごでかじり始めた。トンネルを掘り進んだ。大あごと脚を巧みに使って木くずを壁にしたカプセルのような寝室をつくった。体に付いた木くずをきれいに拭った。

すべて終えると天井に六本の脚でしっかりつかまり、翅も蛹のときのように体にぴったりとつけた。そして、長い長い眠りについた。

春の目覚め

四月、森の日陰の朽木にも春の兆しが訪れていた。わたしは冬の寒さに耐え六カ月もの眠りから目を覚ました。

脚をゆっくり動かし、翅を小刻みにふるわせるとずっとしがみつくようにしていた天井からゆっくり降りた。そして身繕いを始めた。掘って入ってきたトンネルを抜け出た。日差しのぬくもりを全身に感じた。また身繕いを丹念にした。翅についている木くずもきれいにぬぐった。振り返ることもなく飛び立っていった。

まちには公園、街路樹、人家の庭など大きくない家族にはえさもそれなりにある。

目が覚めて花の蜜やアブラムシの甘露を求め空腹を満たし、ハエや

ミツバチを捕えは肉汁をむさぼった。

次第に体力は回復し、卵も産める体になった。

あるこんもりとした木を見つけた。三日間行き来した。

ここがいい！

数日かけて傘のような覆いと六角形の育室をつくり上げ、そこに卵も産みつけていった。最初に産んだ卵が幼虫になったので、仕事の中心が巣づくりから移り、狩りに力を注いだ。外敵や急な寒さから守るため、徳利を逆さにしたような見事な巣ができ上っていった。

コガタスズメバチの巣
松井友子さんが難病のベーチェット病をおして一年越しに描かれた作品。2017年9月に他界された。

あとがき

3・11東日本大震災に伴う大津波によって、福島第一原子力発電所は三つの建物が次々に爆発しました。この原発事故は人間と自然が共に生きてきた里山を破壊しました。水田や畑は耕作不能になり、雑木林は人が入れなくなりました。タガメ、カエルが消えました。長い年月かけて織りなしてきた植物、動物、野鳥、魚、昆虫たちは生態系のパズルのピースがそろわないまま今日に至っています。

スズメバチは樹皮や朽木を巣材として集めています。いくら除染しても森や樹木には行き届かないので、高い放射線を凝縮しています。彼女たちは高濃度の放射線量をもった「ゆりかご」の中で子育てをしたことになります。この事実が何をもたらすのでしょうか。高い放射線のなかで育っていったスズメバチにどのような影響がでるのでしょうか……。（ＮＨＫスペシャル「被曝の森 二〇一八 ～見えてきた〝汚染循環〟～」二〇一八年三月七日放映）

スズメバチの世界を覗くのは至難の業です。シーズンが来るたびに必ずスズメバチのニュースがあります。ことにトラブルが発生すると、彼らはまた悪者になってしまいます。私は、数年前から行っている出前講座「虫育のすすめ ～虫は友だち 自然はたから～」で、虫たちが地球上で最も栄えた生きものであることを話しています。なかでも危険だと言われるスズメバチが、実はとてもエコな昆虫の代表であることを披露しています。スズメバチは朽木を巣材にし、外被をつくりますが、他方で外被の内側を削って育房をつくるためにそれを再利用しているのです。

暑いときには大量の水を口に含んで運び、翅を羽ばたかせて巣内の温度を下げ、寒くなる頃には厚みを増した外被中に空気の層ができ、巣内を三二℃ほどに保ちます。スズメバチは、思いの外、質素に生きているのです。

木酢液の実験では、匂いに支配されるスズメバチは、匂いでコントロールできるのではないかという発想で、改めてスズメバチと向き合ってみました。「怒りっぽい」スズメバチですが、木を焼いたときにできる木酢液の、山火事を連想させる匂いによって、怒りの行動を変えさせられるのだと考えられます。安価で入手でき、いつでもだれでも使えるように、遠足や野外行動に役立てられればいいと思います。小さな霧吹きで身を守るすべを私たち人間の側がもつことが必要です。

また、海外のスズメバチに出会うことがない多くの方々に、是非、著者の経験を交えてその実相をお伝えしたいと考え、スズメバチが生息しているアジア各地を二十余年かけてめぐり、やっと集めた二二種によるスズメバチワールドを御覧いただくことができました。

本書を書き終えて、スズメバチにはまだまだ多くの謎が残されていることを痛感しています。私は、在野の一研究者として、半生をかけてスズメバチを見つめてきたにすぎません。化学的な裏付けを取ったり、最新の機材で撮影したりしているわけではありません。スズメバチの不思議な魅力に魅せられ、好奇心をくすぐられ、抱いた疑問は、実際にスズメバチに接して一つ一つ解決してきました。私の願いは、スズメバチが人とトラブルを起こさず、共存できるようになること。そして、その日がやってくることを信じています。

私は今日まで多くの方々に支えられてきました。

本書でも、沢山の方にお世話になりました。写真やかつての研究について資料の提供を快諾いただいた故・中村喜樂氏、中村ひとみ氏、標本の一部を提供していただいた長谷川照夫氏、スンダ列島のツマアカスズメバチ、ネッタイヒメスズメバチの標本の多くを提供していただき、展翅展脚に尽力いただいた青木隆氏、対馬を案内しツマアカスズメバチの貴重な情報をいただいた相浦正信氏、ハチクマのツマアカスズメバチの巣への攻撃の謎解明の課題をいただいた平野伸明氏、スズメバチの忌避物質実験を快く引き受けてくださったTVディレクター松尾知明氏、難病でつらいなかスズメバチの巣を描いていただいた故・松井友子氏、スズメバチの刺傷事故の経緯をお話しくださった大谷和代氏、トラップに関する資料をいただいた横須賀市博物館の内船俊樹氏、ミツバチの被害について情報をいただいた加藤学氏にお礼を申し上げます。スズメバチに関する相談件数や巣の駆除数などのデータについては、横浜市生活衛生課、対馬市自然共生課にお世話になりました。

また、これまで私の研究を支えていただいた故・松浦誠氏（三重大学名誉教授）、山根爽一氏（茨城大学名誉教授）、山根正気氏（鹿児島大学元教授）、高橋純一氏（京都産業大学准教授）には、この場を借りて感謝の意を表したいと思います。

そして、気がつくと常に陰で支えてくれた妻ミエ子がいました。

最後に、編集に携わっていただいた八坂書房の三宅郁子氏には、煩雑な写真や資料の整理などにご尽力いただきました。

一人でも多くのみなさんがこの小著を手に取ってくださいますよう、心から願っています。

二〇一八年七月

中村雅雄

主な参考・引用文献

Michael E. Archer, *Vespine wasps of the world ： behavior, ecology & taxonomy of the Vespinae.* Manchester ： Siri Scientific Press, 2012

安奎『與虎頭蜂共舞　Dances With Hornets』獨立作家　二〇一五

Natsumi Kanzaki et al., *Sphaerularia vespae* sp. nov. (Nematoda, Tylenchomorpha, Sphaerularioidea) , an Endoparasite of a Common Japanese Hornet, Vespa simillima Smith (Insecta, Hymenoptera, Vespidae). *Zoological Science* 24 ： 1134-1142. 2007

境良朗・高橋純一「対馬で発見・捕獲されたツマアカスズメバチ（*Vespa velutina*）の働き蜂について」『昆蟲ニューシリーズ』一七（一）二〇一四年一月五日

J. Takahashi, M. Nakamura et al., The origin and genetic diversity of the yellow-legged hornet, *Vespa velutina* introduced in Japan. *Insectes Sociaux* Vol. 64, Issue 3, 313–320. 2017

潭江麗他『Comelis van Achterberg Potentially Lethal Social Wasps Fauna of Chinense（*Hymenoptera* ： *Vespidae*）』科学出版社　二〇一四

中村喜樂『スズメバチ心得』二〇一五　私家版

中村雅雄『スズメバチの逆襲』新日本出版社　一九九二

中村雅雄『スズメバチ―都会進出と生き残り戦略―増補改訂新版』八坂書房　二〇一二

中村雅雄『おどろきのスズメバチ』講談社　二〇一三
中村雅雄「スズメバチの不思議：本当に怖いの？」しんぶん赤旗　家庭欄連載　二〇一四
中村雅雄「情報発信かながわ」ペストコントロール　二〇一五
中村雅雄　ペストコントロール　二〇一六
平沢伸明「衝撃！ハチクマ軍団VSスズメバチ軍団「NHKダーウィンが来た！」撮影取材記『BIRDER』文一総合出版　二〇一四年九月号
松浦誠・山根正気『スズメバチ類の比較行動学』北海道大学図書刊行会　一九八四
松浦誠『スズメバチはなぜ刺すか』北海道大学図書刊行会　一九八八
松浦誠他『蜂の生態と蜂毒及びその予防、治療対策』林材業労働災害防止協会　一九九八
松浦誠『スズメバチを食べる　昆虫食文化を訪ねて』北海道大学図書刊行会　二〇〇二
松浦誠『都市における社会性ハチ類の生態と防除』玉川大学スズメバチ科学施設　二〇〇五
山内博美『都市のスズメバチ』中日出版社　二〇〇九
山口典之「宇宙から追跡、ここまでわかったサシバとハチクマの渡り経路」『BIRDER』文一総合出版　二〇一四年九月号
山根爽一「スズメバチ類の巣のとり方：台湾での経験を主体として」『生物教材』第一三号　一九七九

スズメバチ名索引

＊和名は一部暫定的に使用したものもあります。太数字は写真掲載頁。

著者紹介

中村雅雄（なかむら まさお）

スズメバチ研究者。日本昆虫学会会員、日本応用動物昆虫学会会員、“カーリットの森”を守る市民の会代表。

1948 年、東京都生まれ。
1970 年、神奈川県川崎市の小学校教員となる。この頃から都会のスズメバチの生態について本格的な研究を始める。
1994 年より、マレーシア、タイ、ベトナムなど 10 カ国で調査活動を行う。2007 年からはマレーシア・サバ大学 ITBC（熱帯生物環境保全研究所）協力研究員として活動。
2008 年、川崎市立小学校を退職。

現在は、スズメバチや生きもの多様性をテーマに講演や出張授業などの活動を行い、テレビなどにも出演している。

主な著書：
『スズメバチのしゅうげき』大日本図書、1985 年
『スズメバチの逆襲』新日本出版社、1992 年
『スズメバチ：都会進出と生き残り戦略』八坂書房、2000 年（増補改訂新版、2012 年）
『虫〈自然〉は友だち』新日本出版社、2004 年
『おどろきのスズメバチ』講談社、2013 年

小学校で出張授業を行う著者

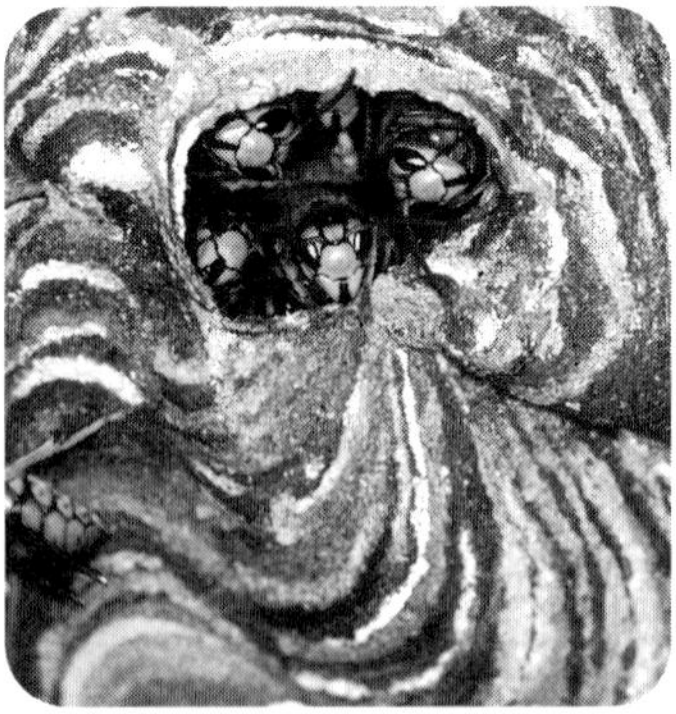

巣口から外をうかがうオ
オスズメバチの働きバチ

スズメバチの真実　最強のハチとの共生をめざして

2018年7月25日　初版第1刷発行
2022年9月25日　初版第2刷発行

著　　者　中村雅雄
発行者　八坂立人
印刷・製本　シナノ書籍印刷(株)

発行所　(株)八坂書房

〒101-0064 東京都千代田区神田猿楽町 1-4-11
TEL.03-3293-7975　FAX.03-3293-7977
URL: http://www.yasakashobo.co.jp

ISBN 978-4-89694-251-4